# 中国茶艺

郑春英 主 编
陈昌宋 涂 婷 副主编
张旭明 摄 影

中国轻工业出版社

**图书在版编目（CIP）数据**

中国茶艺 / 郑春英主编. — 北京：中国轻工业出版社，2019.11
ISBN 978-7-5184-2666-9

Ⅰ. ①中… Ⅱ. ①郑… Ⅲ. ①茶文化－中国 Ⅳ. ①TS971.21

中国版本图书馆CIP数据核字(2019)第208458号

责任编辑：翦　鑫
策划编辑：刘忠波　　　　责任终审：张乃柬
装帧设计：水长流文化　　　　责任监印：张京华

出版发行：中国轻工业出版社（北京东长安街6号，邮编：100740）
印　　刷：北京富诚彩色印刷有限公司
经　　销：各地新华书店
版　　次：2019年11月第1版第1次印刷
开　　本：787×1092　1/16　印张：19.5
字　　数：300千字
书　　号：ISBN 978-7-5184-2666-9　　定价：168.00元
邮购电话：010-65241695
发行电话：010-85119835　传真：85113293
网　　址：http://www.chlip.com.cn
Email: club@chlip.com.cn
如发现图书残缺请直接与我社邮购联系调换
180454S1X101ZBW

《中国茶艺》

# 编委会

**主编**

郑春英

**副主编**

陈昌宋　涂　婷

**编委**（排名不分先后）

赵姝妹　贾艳琼　李　靖　徐京红　索　扬
杨凤霞　于　越　陈嘉亮　辛宇博　金　娜
季　兖　王珊珊　张　莉　梁海珠　秦　蓓
李　忻

**策划**

付　洁

## 郑春英

北京市职教名师，北京市外事学校高级教师、

自1998年至今一直从事茶文化的教育、传播工作

茶艺高级技师、高级评茶师、高级调香师

茶艺师职业资格考试高级考评委、考试督导

茶艺师职业技能竞赛高级裁判员、裁判长

**曾经主编出版的书籍**

高教出版社《茶艺概论》(第1~3版)、《茶艺服务》

师范大学出版社《茶艺与服务》（第1~3版）

清华大学出版社《中华茶艺》（第1~2版）

中国轻工出版社《轻松入门鉴紫砂》《一点茶识》

中国纺织出版社《从零开始学泡茶》《三步炼成茶艺师》

**网上课程担任主编**

人力资源和社会保障出版集团开发的《茶艺师》数字课程，担任主编

高等教育出版社出品的《茶艺》《香趣香识》

慕课均在中国大学慕课网上线

## 陈昌宋

御茶园品牌总经理

悦系茶生活美学品牌创始人

悦武夷茶生活美学酒店董事长

2011年到2012年度北京市优秀创业（企业）家获得者

## 涂　婷

茗女子学堂创办人

2001年至今一直从事茶文化的研习、教育、传播工作

精通中国茶艺及日本茶道（里千家）、香道、花道

高级茶艺技师、高级评茶师、高级茶道养生师

茶艺大赛裁判员、评茶大赛裁判员、茶艺师高级考评员

茶具准备中

# 茶艺——以茶可行道

古往今来，中国“茶”崇尚简质恬淡，蕴含着内敛、宁静、朴素的理念，被世人赋予了“天人合一”的思想。“洗胸之积滞，致清和之精气”，茶不只是一片散发芳香的树叶，更是中华民族传统文化的精神内核——“和”的载体，通过它，我们感受着传统文化的古朴雄浑，感悟着“以茶可行道”的国饮之精华。

茶本无道，道在人心。茶之道，是人在万物生灵中面对自然的人生态度。茶道是有生命的，这份生命力源自茶的包容之美、平和之美、恬淡之美、朴素自然之美，是令人喜悦之美。茶之所以美好，皆因品茶人愿将自己的内心交付于茶与水的滋润交融之中，以心灵感受生命的纷繁与美好。而茶道中的艺也并不只是简单的沏泡和品鉴，而是在整个茶事过程中对所有茶品、器物、仪式和人的崇敬，是人与人、人与器、人与万事万物彼此之间的相互尊重，是映衬在茶艺中的为人之道。对泡茶方式的选择、对茶汤的要求、对茶具的欣赏，以及品茶的感受都是茶艺的组成部分。艺是通往道的一种途径。

泡茶饮茶已然成为现代人远离喧嚣与快捷的生活，放松身心的一种减压方式，因而，茶艺已不仅仅关乎茶艺师。《中国茶艺》这本书，正是想让更多的人清晰地了解茶，理解茶道内涵，爱上茶，享受美好的茶生活。

本书沿袭茶在中国的历史足迹，追溯茶道与茶艺的演变过程，希望读者了解中国茶艺的精神与思想内涵，并与我们当下的生活结合。书中条分缕析，将茶的方方面面——饮茶的礼仪与风格、不同茶类的沏泡技艺、品茶的方式与艺术、茶会雅集等一一展示，旨在使读者对茶道与茶艺有个相对完整的认知，更好地享受茶带给我们的美妙享受。

有了茶，便多了一份雅致，多了一份时间感知的味道。人之爱茶，是一场修行，一盏茶或浓或淡，或并非茶的本色，而是爱茶之人滴滴晕染出的内心世界。

有茶之处，便亦有道。当茶香飘来，让我们停下脚步，回归内心。

因资料与专业知识方面的不足及作者水平所限，本书难免有不妥与偏颇之处，敬请读者指正。在本书的写作过程中，参考并引用了一些图书的内容，在此表示谢忱。

编　者

# 目录

上篇

# 茶艺，从中国茶道说起

## 第1章 “茶艺”——寻找产生的语境



## 第2章 回溯——茶文化历史速读

下篇

# 艺精
# 而道明

## 第5章 茶艺修习分类型



## 第6章 茶艺不仅重泡茶

## 第7章 泡茶重点

## 第8章 泡杯好茶



## 第9章 茶会雅集

上篇

# 茶艺，从中国茶道说起

# 第1章

# 『茶艺』——寻找产生的语境

## 一、“艺”的初定义

茶艺与中国文化的各个方面有着密不可分的关系。陆羽的《茶经》里提到：“凡艺而不实，植而罕茂，法如种瓜，三岁可采。”这里的“艺”是指种植。宋代陈师道《茶经序》讲到“夫茶之为艺下矣”，这里的“艺”是烹茶、饮茶之意。1930年安徽人傅洪编印过一本《茶艺文录》，首次出现了“茶艺”这个词。

## 二、文化寻源，因重“道”而倡“茶艺”

20世纪70年代中期，台湾省一些知识分子迫切希望回归到中国文化的源头，因此，像剪纸艺术、打陀螺、放风筝、布袋戏、中国功夫等传统的民俗活动，一时间热门起来，并俨然成为一种时尚，而最具民族文化亲切感的“茶艺”，也应运而生。1977年，以台湾“中国民俗学会”理事长娄子匡教授为主的一批茶的爱好者，首倡弘扬中华茶文化。

为了恢复弘扬品茗饮茶的民俗，有人提出“茶道”这个词；但是，茶道虽然根植、发起于中国，但到近代，这个名字已被日本所使用，再使用茶道，恐怕会引起误会，以为是把日本茶道搬到中国台湾来了；另外，“茶道”这个名词过于严肃，中国人向来对于“道”字是特别敬重的，感觉高不可攀，要迅速、普遍地被大家接受，可能不容易。于是经过一番讨论，大家同意使用“茶艺”二字，“茶艺”一词就这样产生且确定下来了。

1978年，台湾省台北市和高雄市分别组织成立了“茶艺协会”，代表了“茶艺”已初具雏形。1982年9月23日，代表台湾地区的茶艺团体“中华茶艺协会”正式核准成立。1988年6月18日，台湾第一个正式访问大陆的“台湾经济文化访问团”抵达桂林，20日到达上海，“茶艺”首次在大陆茶界出现。

## 三、茶艺的界定

### 1. 茶艺的定义

“茶艺”一词是新生的名词，过去和它词意相似的就是“茶道”。“茶艺”可以从广义和狭义两个方面来界定。

**广义的茶艺：**是研究茶叶的生产、制造、经营、饮用的方法和探讨茶叶原理，以达到物质和精神享受的学问。

**狭义的茶艺：**是研究如何泡好一壶茶的技艺和如何享受一杯茶的艺术。

### 2. 茶艺的范围

凡是有关茶叶的产、制、销、用等一系列的过程，都属茶艺的范围。例如：茶山之旅、参观制茶过程，如何选购茶叶、如何泡好一壶茶、如何享用一杯茶，茶与壶的关系，茶文化史，茶叶经营，茶艺美学等，都是属于茶艺活动的范围。

茶艺是多彩多姿、充满情趣的生活艺术，想要享受高品质的生活，茶艺生活是重要的内容之一。利用节假日到茶山去走走，欣赏茶园风光，享受那翠绿的景致和清新的空气，一方面可以认识茶叶，另一方面可以和茶农话家常，了解他们种茶、做茶的苦乐。

在工作之余，能够好好地享受一杯茶，按茶叶的特性选择适当的茶具泡出一杯好茶来，细细品味，提升精神生活的境界，认识茶艺美学的内涵，生活更有品位。

茶艺生活可促使人们涉足艺术、文学等文化领域。学了茶艺之后，往往会引发学插花、学书法、学陶艺、学香道、学民乐的兴趣。这些都是与茶艺相关的艺术。

备花器

# 四、茶艺的内容

### 1. 茶艺的分类

①按时间分类，茶艺可分为古代茶艺和现代茶艺。

②按形式分类，茶艺可分为表演茶艺和生活茶艺。

③按地域分类，茶艺可分为民俗茶艺和民族茶艺。

④从社会阶层的角度，茶艺可分为宫廷茶艺、官府茶艺和寺庙茶艺等。

⑤从茶类的角度，茶艺可分为绿茶茶艺、红茶茶艺、乌龙茶茶艺等。

### 2. 茶艺的具体内容

茶艺的具体内容包含技艺、礼法和道三个部分。

①技艺是指茶艺的技巧和工艺，包括茶艺表演的流程、动作要领、讲解的内容，茶叶色、香、味、形的欣赏，茶具的欣赏与收藏等内容，这是茶艺的核心部分。

②礼法是指礼仪和规范，即服务过程中的礼貌和礼节，包括服务过程中的仪容仪表、迎来送往、互相交流与彼此沟通的要求与技巧等内容。茶艺要真正体现出茶人之间平等互敬的精神，因此对宾客也有规范的要求。

③道是指一种修行，一种生活的道路、方向，是人生哲学。悟道是茶艺的最高境界，是通过泡茶与品茶去感悟生活，感悟人生，探寻生命的意义。

茶席备具

### 3. “技艺、礼法和道”三者间的关系

技艺和礼法是属于形式部分，道是属于精神部分。茶艺是形式和精神的完美结合，其中包含着美学观点和人的精神寄托。传统的茶艺，是用辩证统一的自然观和人的自身体验，从灵与肉的交互感受中来辨别有关问题，所以在技艺当中，即包含着我国古代朴素的辩证唯物主义思想，又包含了人们主观的审美情趣和精神寄托。

### 4. 茶艺与中国文化的关系

茶艺与中国文化的各个层面有着密不可分的关系。青山出好茶，清泉泡好茶，茶艺并非是空谈的玄学概念，而是生活内涵改善的实质性体现。茶是和平的饮料，只要心存恭敬，心中宁静，就可以泡出一壶自己喜欢的茶来。就个人而言，饮茶可以提高生活品质，扩展艺术领域，这也是“茶”能载“艺”的主要原因。自古以来，插花、挂画、点茶、焚香并称四艺，尤为文人雅士所喜爱。现代人的生活忙碌而紧张，更需要茶艺来缓和情绪，使精神松弛，心灵更为澄明。茶艺还可以提供休闲活动，拉近人与人之间的距离，化解误会冲突，建立和谐的人际关系。

## 五、学习茶艺，净心健体

茶艺既是古老的，又是现代的，更是未来的。茶艺的生命力旺盛，其发展方兴未艾，因为其本身是以中华民族五千年灿烂文化内涵为底蕴的。茶艺是中华民族的瑰宝，更应屹立于世界文化之林。学习茶艺至少可以有以下美好的收获：

### 1. 净化心灵

茶原本生长在森林下层，“没有树高，没有花香”，是耐得阴苦、不出风头、紧紧和大地拥抱在一起、随和自然的常绿植物。茶作为一种物质，不管是药用、食用还是饮用，都能满足人们的物质需要。

茶字由艹、人、木三部分组成。茶叶作为祭品、图腾，显然是种精神寄托与信仰的满足。唐代陆羽《茶经》说：“茶宜精行俭德之人。”唐代韦应物的茶诗《喜园中茶生》说：“洁性不可污，为饮涤尘烦……此物信灵味……得与幽人言。”宋代苏东坡直截了当地说：“从来佳茗似佳人。”清代郑板桥说：“只和高人入茗杯。”茶品、人品往往被人们相提并论。

通过研习茶艺、品茶、评茶，往往能够进入忘我的境界，从而远离尘嚣，远离污染，给身心带来愉悦。因为茶洁净淡泊，朴素自然，茶味无味，乃至味也。茶耐

得寂寞，自守无欲，与清静相依。

儒学家推崇仁、义、礼、智、信，讲求自我修养，慎独自重，胸怀大志，标高树远，追求淡泊，耐得寂寞。潜心茶艺，保持一种良好的心态，这无疑是茶对人类的贡献。

### 2. 强身健体

茶艺是现代社会的休闲活动，它能促使人身心健康。

首先，茶是最好的保健饮料，养成饮茶的习惯能让人精神愉快，身体健康。

其次，饮茶能振奋精神、广开思路，消除身心的疲劳，保持旺盛的活力。

再次，茶艺活动能够规范行为，养成良好的习惯，提高生活品质。

此外，以茶入菜，以茶佐菜，可发挥茶的美味营养功效，增添饮食的多样化和生活情趣。

茶对于人体的健康有很多好处，现在人们为了从茶叶中获得更多对人体有益的营养和药效，专门研究和开展茶叶的综合利用，生产出红茶菌、益寿茶、保健茶等。这些产品的开发，为茶艺事业的发展开辟了更为广阔的空间。饮茶康乐，只有健康的身心，人生才能更美丽。

### 3. 丰富人生

在茶艺这门艺术中，人们可以寻求探索很多东西，因为茶艺涵盖面广，涉及学问精深，每一位茶人都必须了解和掌握多层面、深层次的自然科学知识。从人的方面来说，茶人既不是工人、农民，也不是商人，更不是服务员。茶人应当是一位真正博学的学者，是哲学家、思想家，是一位既能当工人，又能当农民，还会做服务员的哲学家。因此，茶人应是有学识教养又有道德的令人尊敬的高尚人士。这就是茶艺事业对茶人的要求。

现代人追求美满的家庭和美丽的人生，这一切都可以从茶艺开始。

学茶艺，能促使一个人的思想以高尚和文雅的方式表现在规范的行为上，有助于建立和谐的社会。

### 4. 美化生活

“茶是和平的饮料”。茶能净化心灵，强身健体，丰富人生。因此，以茶为“道”，就是以茶为生活的路。茶道就是生活之道，是生活的一部分。茶艺使人与人心灵相通，弥合鸿沟，促进和谐和了解，使人从平凡的生活中走出来，真切体会生活的美好，感受人生的价值感和充实感。

茶空间

# 第2章

# 回溯——茶文化历史速读

“茶文化”一词的普遍应用是在20世纪80年代。茶文化是随着茶被发现以后，在茶的利用过程中逐渐产生和形成的。中国是发现与利用茶叶最早的国家，至今已有数千年的历史。茶树原产于中国的西南地区，云南等地至今仍生存着树龄在千年以上的野生大茶树。茶文化作为中国传统文化之一，沿袭了千年的古韵与内涵。

# 一、三国以前的茶文化

追溯中国茶文化的渊源，就要提到上古时代的神农。神农尝百草是我国流传很广、影响很深的一个关于茶起源的古代传说。“神农尝百草，日遇七十二毒，得荼而解之。”神农发现了茶叶的解毒作用，使人们开始重视并利用茶叶，开启了茶文化之源。按此推论：在中国，茶的发现和利用始于原始母系氏族社会，迄今有五六千年的历史了。而《神农本草经》等史籍所记载的炎帝神农氏尝百草的神话故事，实际是中国茶叶与中国文化相互结合的本源，也是中国茶文化的源头所在。

中国是茶的出生地，但明确表示有“茶”的意义，是成书于2200年前中国秦汉年间的字书《尔雅》，这也是史学家认为关于茶的最早文字记载。其内有“槚，苦荼”之说，说“槚”就是“苦荼”，“苦荼”即为茶之意。六朝以前的茶史资料表明，中国的茶业最初兴起于巴蜀，巴蜀就是今天的四川、重庆以及云南、贵州两省靠近川渝的部分地区，3000年前的巴蜀一带不但已有人工栽培的茶园，而且出现了以茶为礼的茶贡品。据《华阳国志・巴志》记载：“周武王伐纣，实得巴蜀之师……丹漆、茶、蜜……皆纳贡之。”据此，有人认为，当时茶已在人们生活中出现并逐渐融入上层社会之中。

# 二、两晋、南北朝的茶文化

两晋、南北朝时期，随着茶叶生产的较大发展，饮茶的文化性也更加体现出来了。饮茶作为一种习俗，已经深入到人们的生活之中。茶饮在民间的发展过程中，也逐渐被赋予了浓浓的文化色彩。从文献记载来看，晋代茶文化有以下几个特色：以茶待客、以茶示俭、以茶为祭、以茶入文等。

### 1. 以茶待客

南朝宋代刘义庆《世说新语》中有记载：东晋初年，北方文士任瞻渡江来到石头城（今南京）。丞相王导亲自率一批名流到石头城迎接他。在接风会上，没有浓烈的酒，只有清香的茶。当任瞻喝了茶水后，问道“这是茶，还是茗？”（晚采之茶为茗）名流们听了这句问话颇觉可笑，任瞻看到人们异样的目光时，赶紧用“刚才问是热的还是冷的？”来掩盖，更引起大家一阵哄笑。王导仍然按照昔日在北方时一样，对他热情相待，反映了王导的待人之道，容人之量。可以看出当时的名流必须具备饮茶的基本常识，饮茶之举成为品评人物举止风度的一种参考。

### 2. 以茶示俭

饮茶开始有了社会功能，以茶待客成为一种情操手段，一种清廉不俗的操守。茶已不完全是以其自然使用价值为人所用，而是开始进入了精神领域，成为一种文化现象。如陆纳以茶待客、桓温以茶代酒宴、南齐世祖武皇帝以茶示俭，茶成了节俭生活作风的象征，体现了当权者和有识之士的思想导向：以茶倡廉抗奢。儒家提倡温、良、恭、俭、让，倡导“和为贵”，修养途径是穷独达兼、正己正人，既要积极进取，又要洁身自好，这使茶从另外一个角度越出了自然功效的范围，通过与儒家思想的联系，进入了人的精神生活，并开启了“以茶养廉”的茶文化传统。

南朝宋代何法盛撰的《晋中兴书》中，记载了东晋陆纳为吴兴太守时，有一次宰相谢安要拜访他。陆纳招待谢安的“所设唯茶果而已”，既说明陆纳不但提倡“以茶待客”，而且仅用茶果招待谢安，既清雅又俭朴，可以说是君子之交，用茶表明自身的清廉。《晋书·桓温列传》中也记载：“（桓）温性俭，每燕（宴）惟下七奠，拌茶果而已。”

### 3. 以茶为祭

茶为祭品蕴含着人们对茶的崇拜，这些对茶之美的原始认识正是茶美学思想之源。当人类还处在蒙昧阶段时，容易将一些可以带来益处或是带来灾难的事物神化，而茶因其独特的功效，被人们认为是未知世界的神秘力量，从而对其产生了原始的美好崇拜。

在《异苑》一书中记有一则传说：刻县陈务妻，年轻时和两个儿子寡居。院子里有一座古坟，每次饮茶时，都要先在坟前浇祭茶水。两个儿子对此很讨厌，想把古坟平掉，母亲苦苦劝说才止住。一天梦中，陈务妻见到一个人，说：我埋在此地已有300多年了，蒙你竭力保护，又赐我好茶，我虽然是地下朽骨，我会报答你的。等到天亮，在院子中发现了十万钱。母亲把这事告诉两个儿子，二人很惭愧。从此以后，祭祀就更勤了。可见南北朝时期，以茶为祭就已经出现，并被大众接受和认可。

### 4. 以茶入文

晋代初步构建出我国古代茶文化系统。魏晋时，茶开始成为文人赞颂、吟咏的对象，有的是完整意义上的茶文学作品，也有的是在诗中赞美了茶饮。另外，文人名士既饮酒又喝茶，以茶助兴，开了清谈饮茶之风，出现了一些文化名士饮茶的逸闻趣事，从而提高了茶饮在文化上的品位。如杜育的《荈赋》、孙楚的《出歌》、左思的《娇女诗》、张载的《登成都白菟楼》等。晋代文人杜育的《荈赋》是中国最早的茶诗赋作品，《荈赋》标志着中国茶道文化的萌芽。《荈赋》有四个第一：第一次写到"弥谷被岗"的植茶规模；第一次写到秋茶的采掇；第一次写到陶瓷的宜茶；第一次写到"沫沉华浮"的茶汤特点。这四点奠定了《荈赋》在中国茶文化发展史上的特殊地位。

左思的《娇女诗》，诗中有："心为茶荈剧，吹嘘对鼎鬲。"这"鼎鬲"属茶具。西晋张载《登成都白菟楼》："芳茶冠六清，溢味播九区。""六清"即《周礼》中的"六饮"，即供天子用的六种饮料，说明四川茶在当时的地位，已居所有饮料之首，比"六清"还要好，茶味传遍全中国，饮茶之风向全国各地蔓延。西晋孙楚的《出歌》中有"姜桂荼荈出巴蜀"，这里所说的"荼"就是指茶，说明了茶的原产地在巴蜀，晋代的产茶中心在四川。

两晋南北朝时期，茶叶有了一定的种植面积，茶俗进入日常活动，加之文人雅士将其升华，茶从简单的饮品被赋予了文化品位，中国茶文化在此阶段逐步萌芽。

## 三、唐代茶文化

唐代是中国茶文化的正式形成时期。茶文化的形成与唐代的经济、文化发展有着密切联系。唐朝疆域广阔，注重对外交往，长安是当时的政治、文化中心，中国茶文化正是在这种大气候下形成的。此外，佛教的发展，诗风的兴盛，贡茶的兴起，以及禁酒措施从不同层面对茶文化的形成起到了推波助澜的作用。最终促使唐代成为"我国茶业和茶叶文化发展史上，一个有划时代意义的重要时代"。汇总有关资料分析，唐代茶文化对中国茶文化史的重要意义体现在以下几个方面。

### 1. 茶区扩展

唐代茶叶生产扩大，种植面积与日俱增。据有关史料统计，唐时全国已有80个州，相当于现在的15个省份产茶。种茶范围已遍及大江南北所有适宜茶树生长的区域。另外，唐时的云南早已产茶，但《茶经》中并未谈及，因为1200年前的云南属于南昭国管辖范围内，因此，陆羽在《茶经》中没有写到云南产茶。在唐代，随着种茶区域在全国范围内的扩展，各地生产的名茶也与日俱增，唐代各地所产茶叶，有资料可查的至少有近150种。它们大部分都是蒸青团饼茶，少量是散茶。

### 2. 茶税始建

随着茶在全国范围内的兴起和发展，茶政、茶法应运而生。主要表现在唐代官府对茶叶种植、加工、经贸等的管理工作制定了相应的政策和法规，设有专门机构。唐代自唐德宗建中元年（780年）开始设置茶税，中间曾一度废除，数年后又恢复，最终作为一种定制，被历朝、历代所沿袭，与盐并列为主要税种之一，同时唐朝还设置“盐茶道”“盐铁使”等官职，管理茶税，到唐宣宗时，茶税收入每年达80万贯，已成为与盐、铁并列的重要税种。

### 3. 陆羽《茶经》问世

陆羽是伟大的茶学家，首创中国茶道精神，为茶业发展做出了杰出贡献。为此，被后人尊为“茶圣”，奉为“茶神”，称为“茶仙”。陆羽撰写的《茶经》是世界上第一部茶叶专著，《茶经》的问世是茶文化形成的重要标志，在国内外产生了重要的影响。

### 4. 茶马互市

始建于唐，成制于宋。它是中国唐宋至明清时，官府用内地的茶在边境地区与少数民族进行以茶易马的一种贸易方式。据唐代封演的《封氏闻见记》记载：茶“始自中原，流于塞外。往年回鹘入朝，大驱名马，市茶而归，亦足怪焉”。但此时的以茶易马，并未形成一种定制，西北少数民族向中原市马，朝廷仍“按值回赐金帛”。直到宋太宗太平兴国八年（983年），盐铁史王明才上书：“戎人得铜钱，悉销铸为器。”于是设“茶马司”，禁用铜钱买马，改用茶，或布匹换马，并成为一种法规。

茶马互市有利于补充战马，满足军需，增强国防，以及安定边境，改善边疆少数民族生活，进而对推动和促进边境少数民族和中原汉族的经济、文化交流都有着积极的作用，以致茶马互市在很长历史时期内，一直为历代官府所采用。

这种茶马互市的方式也是中国茶叶向外传播的重要方式之一。西汉时张骞开通的丝绸之路，到中唐时已逐渐演变成一条“丝茶之路”。与丝茶之路相应的还有一条通道，也就是茶马古道，当年唐太宗李世民将文成公主下嫁吐蕃松赞干布，文成公主和亲西藏，带去了香茶，此后，藏民饮茶成为时尚。据说，文成公主还开创了西藏饮酥油茶的先河。从此，四川的茶及茶文化，源源不断地从雅安，经泸定，过康定，直达吐蕃。然后通过尼泊尔到达南亚一些国家。这条通道就是我们今天所说的茶马古道。它也是中国茶叶向外传播的陆上重要通道之一。

之后的宋朝，茶马互市更为频繁；明朝汉藏之间的茶马交易达到鼎盛时期，一直到清雍正十三年（1735年）停止茶马交易，“茶马互市”持续了1000余年。

陆羽烹茶图

文成公主带茶入藏

### 5. 茶入诗歌

一杯酽茶

诗因茶而诗兴更浓，茶因诗而茶名愈远。唐代诗人爱茶写茶的很多，李白、杜甫、白居易、卢仝等多位诗人写了400多篇涉及茶事的诗歌。如白居易的“琴里知闻唯渌水，茶中故旧是蒙山”，杜甫的“落日平台上，春风啜茗时”。在大唐群星璀璨的茶文化名人中，卢仝是仅次于茶圣陆羽而被后世尊为“茶馆祖师”的人。他的《七碗茶诗》（又名《走笔谢孟谏议寄新茶》）被史家当作唐代茶业最有影响的三件事之一①。诗中谈到由于茶味好，卢仝连饮七碗，碗碗感受不同。饮到七碗时，“唯觉两腋习习清风生。蓬莱山在何处？玉川子② 乘此清风欲归去。”卢仝用脍炙人口的诗句，表现对饮茶的深切感受，其结果是使饮茶从物质上升到精神，别开生面，妙趣横生，这有力地推动了唐代饮茶之风的盛行。而卢仝的《七碗茶歌》也久盛不衰，虽历经1200多年，至今仍广为传颂，成为茶界的千古绝唱。

### 6. 贡茶为赐

唐代开始，贡茶有了进一步的发展。唐朝的贡茶制度有地方土贡和由朝廷设立贡茶院两种形式。地方土贡是朝廷选定茶叶品质优异的州定额纳贡，如常州阳羡茶、湖州顾渚紫笋茶、雅州蒙顶茶等，以雅州蒙顶茶号称第一，名曰“仙茶”，常州阳羡茶，湖州顾渚紫笋茶并列第二。另外一种方式由朝廷专门在重要的名茶产区设立贡茶院，由官府直接管理，督造各种贡茶，即官焙。贡茶院由当地“刺史主之，观察使总之”，属于中央直属单位，指派专门官员管理，当地刺史也要协助工作，规模宏大，组织严密，管理精细。贡茶院有“房屋三十余间，役工三万人”，每年春天，到了生产时节，贡茶院周边张灯结彩，热闹非凡。刺史率领百官行祭礼，带役工开山造茶，声势浩大，朝廷规定第一批贡茶要赶上清明祭祖大典。

### 7. 贸易繁荣

唐代对外贸易和文化交流的开展，使饮茶之风西进到边疆少数民族地区。据唐

---

① 另两件为陆羽著《茶经》和赵赞推行“茶禁”（即征茶税）。

② 卢仝自号。

代封演的《封氏闻见记》中记载：对外贸易的开展，使茶“始自中原，流于塞外”。结果使饮茶风习传入边疆地区，继而走出国门，远播中亚、西亚。而唐代文成公主与吐蕃松赞干布的和亲，又使饮茶之风远及西藏。同时唐代佛教东传，为朝鲜、日本带去了饮茶文化，日本茶道、韩国茶道即在此基础上发展起来。不仅饮茶之风东传，茶种也随着相互交流传播到日本和朝鲜半岛，这一时期日本、韩国也出现了最早有文字记载的种茶记录。

### 8. 茶宴、茶会的兴起

在陆羽等人的倡导下，饮茶之风日渐流行于上层社会和僧侣之间，茶宴、茶会兴盛起来。以茶为宴，成为当时佛教徒、文人墨客清操绝俗的一种时尚。中唐以后，随着佛教的进一步中国化和禅宗的盛行，饮茶与佛教的关系进一步密切。寺庙崇尚饮茶，制定茶礼、设茶堂，许多寺庙开始种茶，出现无僧不茶的嗜茶风尚。

## 四、宋代茶文化

“茶兴于唐，盛于宋。”到了宋代，茶已成为“家不可一日无也”的日常饮品。这一时期，茶馆开始兴起，无论在茶馆数量、经营方式，或是装修布置上，都有了新的发展，茶馆文化走上一个新的台阶。茶叶产品开始由团茶发展为散茶，打破了团茶、饼茶一统天下的局面，同时出现了团茶、饼茶、散茶、末茶。茶区大面积南移，使茶叶上市提前一个月。宋太祖乾德二年（964年），实行茶叶专卖制，促进了茶业的快速发展。此时的宋代，饮茶之俗上下风行，茶文化呈现出一派繁荣景象。

### 1. 皇帝著书

宋太祖赵匡胤嗜好饮茶，在宫廷中设立茶事机关，宫廷用茶已经开始划分等级。宋徽宗赵佶倡导茶学，弘扬茶文化，他还以皇帝之尊写了《大观茶论》一书，开创了世界以一国之君撰写茶书的先河。《大观茶论》全书共二十篇，对北宋时期蒸青团茶的产地、采制、烹试、品质、斗茶风尚等均有详细记述。其中“点茶”一篇，见解精辟，论述深刻，从一个侧面反映了北宋以来我国茶业的发达程度和制茶技术的发展状况，也为我们认识宋代茶道留下了珍贵的文献资料。

### 2. 大兴斗茶之风

斗茶，唐代称“茗战”，宋代称“斗茶”，是宋元时期普遍盛行的评比茶叶质量优劣的一种方式，类似于今天的名优茶评比。

入宋以后，由于贡茶的需要，使斗茶之风很快兴起。宋太祖首先移贡焙于福建建州的建安。据北宋蔡襄《茶录》载：宋时建安盛行斗茶之风。建安，即现今福建南平市的建瓯市。宋时，朝野都以建安所产的建茶，特别是龙团凤饼最为名贵，并用金色口袋封装，作为向朝廷进贡的贡茶。宋徽宗赵佶好茶，宫中盛行斗茶之风。宋徽宗赵佶在《大观茶论》称："本朝之兴，岁修建溪之贡，龙团凤饼，名冠天下，而壑源之品，亦自此而盛。"由于制作贡茶的需要，建州的斗茶之风也最为盛行。

斗茶需要了解茶性、水质及煎后效果。斗茶胜负的决定标准一是斗色，二是斗水痕。斗色是看茶汤汤色和汤花的均匀度，茶汤汤色以纯白为上，青白、灰白、黄白者稍逊。汤色能反映茶的采制技艺，茶汤纯白，表明采茶肥嫩，制作恰到好处。汤花是指汤面泛起的泡沫，也以鲜白为上。汤花泛起后，看茶盏内的汤花与盏内壁相接处水痕出现的早晚，早者为负，晚者为胜。最佳效果是可以"紧咬"盏沿，久聚不散，名曰"咬盏"。

斗茶时所使用的茶盏通常为黑瓷，以福建所产的建盏最受欢迎。建盏为宋代皇室御用茶具，因容易衬托出茶汤的白色，因此是当时上层社会公认的斗茶佳品。建盏因铁含量较高，截面色黑或呈黑褐色，其胎质厚实坚硬，叩之铿然有金属声，手感厚重，略显粗糙。建盏以高温烧成，沙粒较多，胎内蕴含细小气孔，利于茶汤保温，满足了斗茶需要。

宋徽宗赵佶《文会图》
描绘了宋徽宗宴请群臣、文人，一起烹茶、斗茶取乐的情景

在建盏中，常见有兔毫、油滴、鹧鸪斑等不同形状的釉面。油滴盏是盏内有边界清断的不规则结晶，非常珍贵。兔毫盏呈放射状结晶，宋徽宗《大观茶论》中说过："盏色贵青黑，玉毫条达者为上。"可见其十分难得。鹧鸪斑介于兔毫和油滴之间，同样是建盏中的少见珍品。烧制建盏

极为不易，因为釉厚，容易流动，而且曜变具有不确定性，所以烧制千万才能有一件较好的成品。据记载，没有起泡变形、脱釉粘底等重大缺陷的建盏的出成率不到百分之一，条纹流畅的褐兔毫盏不到千分之一，形制优美的银兔毫盏不到万分之一，而鹧鸪斑和曜变则是十万分之一、百万分之一才有的佳作。

宋代斗茶不同于唐代以陆羽为代表，以精神享受为目的的品茶。宋代斗茶是饮茶大盛的集中表现，上达皇室，下至百姓，都乐于斗茶之道。由于斗茶之风盛行，促进了茶叶品质的提高，促使全国各地的名茶品种大大增加。

此外，斗茶对日本韩国也产生了重要影响，尤其是日本，据《吃茶往来》记载：日本斗茶之始，以辨别本茶和非茶为主，这大概是受当时宋代斗茶中辨别北苑贡茶和其他茶之区别的影响。宋代时，日本斗茶有10种方法，赢者可以得到中国产的“文房四宝”。这些方法与宋代斗茶相比，更有情趣，也更加复杂化，它对以后日本茶道的形成，产生了直接的影响。

到了宋代，随着禅宗的盛行，茶宴之风更为流行。当时几乎所有的禅寺都要举行“茶宴”，其中最负盛名的就是在中日茶文化交流史上影响最深的杭州余杭径山寺的“径山茶宴”。宋朝的径山寺最盛时有1500多名僧人，许多是来自日本、韩国等邻国的僧侣。径山茶宴有一套极为讲究的仪式，日本僧人来径山寺学习，把当时的点茶仪式带回了日本，现在的日本茶道依然保留了宋朝的点茶艺，并将这种饮茶方法完整地保留了下来。

宋代斗茶

# 五、明、清茶文化

中国茶饮在经历唐宋的高峰之后，到明清又迎来了另一个高潮。明清时期无论是茶叶的生产和消费，还是茶的品饮技术都发生了变革，达到新的高度，在中国茶饮史上留下了灿烂辉煌的一页。处于两个高峰之间的元朝，则在我国茶饮史上起到了承上启下的作用。

元代作为宋明两代的过渡期，虽然历史较短，但是在饮茶法上却进一步走向成熟，可以说这一时期是中国茶饮方式转变的一个重要阶段。元代除了继承饼茶的生产和使用外，散茶也渐渐在茶叶消费中占有了一席之地。饼茶的使用主要在宫廷贵族之中，散茶的消费则主要在民间。除了继承前人的饮茶方式外，元代的饮茶也出现了一些新的趋势。尽管元代立国时间较短，但在中国茶饮史上仍是个不可忽视的阶段。这一时期在饮茶方式上的改变与革新为明清时期茶文化的再创新打下了重要的基础。

饮茶风尚发展到明代，发生了具有划时代意义的变革。随着茶叶加工方法的简化，茶的品饮方式也走向简单化。宋元时期“全民皆斗”的斗茶之风已衰退，饼茶被散茶所代替，伴随着这种转变，饮茶方式也走向简约化，盛行了几个世纪的唐烹宋点也变革成用沸水冲泡的瀹饮法。

同时更多的文人置身于茶文化，茶书、茶画、茶诗不计其数。有张源的《茶录》，陆树声的《茶寮记》，许次纾的《茶疏》，文徵明的《惠山茶会话》《陆羽烹茶图》《品茶图》以及唐寅的《烹茶画卷》和《事茗图》等传世作品诞生。到了清代，中国茶文化发展更加深入，茶与人们的日常生活紧密结合起来，例如清末，民间茶馆兴起，并发展成为适合社会各阶层所需的活动场所，它把茶与曲艺、诗会、戏剧和灯谜等民间文化活动融合起来，形成了一种特殊的“茶馆文化”，“客来敬茶”也已成为寻常百姓的礼仪美德。

文人们对茶境的探索有了新的突破，讲究以“至清至洁”之道，达“返璞归真、天人合一”之境。张源首先在其《茶录》一书中说：“造时精，藏时燥，泡时洁，精、燥、洁，茶道尽矣。”张大复进行了更进一层的表述：“世人品茶而不味其性，爱山水而不会其情，读书而不得其意，学佛而不破其宗。”品茶追求的是通过茶事活动达到一种精神上的愉快，一种超凡脱俗的心境，一种天、地、人融于一体的境界。品茶所用茶具追求质朴，由宋代的崇金贵银转为崇尚陶质、瓷质，由于冲泡方式改为直接冲泡，而白色茶盏更有利于观赏汤色叶底，于是白釉瓷杯取代了黑釉茶盏。明代正德年间，供春创制了紫砂壶，因其保温性能好，有助于散发与保

事茗图

持茶香，加之其陶色典雅古朴，造型朴拙，受到当时饮茶者的极力推崇，特别是宜兴所产紫砂壶备受文人青睐，明代张岱《陶庵梦忆》记载：“宜兴罐以龚春为上，一砂罐，直跻商彝周鼎之列而毫无愧色。”虽然在制茶方式、品饮方式乃至茶具都发生了很大的改变，但实际上，明清时品茶所推崇的“返璞归真”，“天、地、人相融”境界正是陆羽所倡导的“和”“精行俭德”精神的一脉相承。

明清时期，茶叶贸易有了迅速发展，尤其是进入清代以后，茶叶外销数量增加，茶叶出口贸易已经成为一种正式行业，种茶制茶也先后传入印度尼西亚、印度、斯里兰卡等国家。

### 1. 茶类的新发展

明代是我国制茶历史的变革时期，明代茶业在技术革新、各种茶类的全面发展以及名优茶品等方面形成了自己的时代特色。明太祖朱元璋在建国初年，下令“（因）重劳民力，罢造龙团，一照各处，采芽以进”。明太祖诏令“罢龙团，兴叶茶”的结果，使炒青和蒸青的散叶绿茶大量发展，特别是炒青绿茶发展更快。对此，明人张源的《茶录》、许次纾的《茶疏》、罗晾的《茶解》中都有炒青绿茶制造方法的具体记述。说明明代已大量制造炒青散叶绿茶。而蒸青团饼茶则退居少量生产的地位，主要用来供应边疆少数民族饮用，因它具有方便贮运的特点。

到明末清初时期，除原有绿茶外，还出现了黄茶、黑茶、白茶、红茶、乌龙茶等。

清时，贡茶产地分布广阔，各种茶类的名优茶都有，如西湖龙井、黄山毛峰、洞庭碧螺春、武夷岩茶、安溪铁观音、祁门红茶、君山银针、白毫银针、普洱茶、七子饼茶等都有作为贡茶的。同时，各种名优茶发展迅速，生产量也大，茶品名目数量，已有数百种之多。

### 2. 饮茶方法的新突破

唐宋时，人们饮的茶，主要是团饼一类的紧压茶，无论是唐代的煎茶法，还是用宋代的点茶法，都要先烘烤炙茶；之后将茶碾细；再过罗筛；最后进行煮茶或点茶。与此相对应的是饮茶器具，必须有烘笼、茶碾、罗盒、釜或执壶、茶碗等多种。明代及明代以后，炒青绿茶在全国范围兴起，之后又出现了乌龙茶、红茶、白茶、黄茶等。明清时期茶的品种多姿多彩，大部分都是散茶，饮茶方式改为直接用沸水冲泡，唐宋时的炙茶、碾茶、罗茶、煮茶或点茶等饮茶器具成了多余之物。因此，到了明清时期，饮茶茶器具变得更为简单，种类减少，而且还出现了许多与泡茶相关、与茶类相适应的新茶具。自此从明代开始，全国范围内开始采用冲泡法，并一直沿用至今。

### 3. 紫砂茶具的兴起

明代时，随着茶类的变革，茶叶品种花式的增多，与饮茶紧密相关的饮茶器具，也随之发生了很大的变化。饮茶器具的种类和品种变得更加多姿多彩，特别是紫砂茶具，发展之快，更是出乎寻常。

紫砂器

紫砂茶器的出现首见于明代。宜兴紫砂陶茶器的兴起，不仅与茶类改制有关，还与紫砂茶具的风格多样、造型多变、富含文化意韵有关。明代紫砂茶器，首推供春制作的紫砂壶。供春壶自问世以来，历代视作珍品，有“供春之壶，胜似白玉”之说。可惜时至今日，只有一把失盖的供春树瘿壶存世，现珍藏于中国国家博物馆。之后，出现了时大彬、李仲芳、徐友泉三位制壶大师，人称“三大壶中妙手”。他们所制的壶，各具特色。这些精美紫砂壶也开始向外传至欧、亚诸国，特别是瓜形和球形的紫砂壶，尤其受到国外茶人的喜爱。明末清初时的惠孟臣，作品小壶多，中壶少，大壶罕见。以小壶见长，小者精妙，壶式有圆有扁，尤以所制梨形壶最具影响，人称“孟臣壶”，是时大彬之后的又一位名家。至今仍有很多制壶人以“孟臣”为款。

清代，紫砂茶具又有新的发展。清康熙至嘉庆年间，出现了许多制陶大家，其中陈鸣远是继时大彬之后又一位制壶大师，他制作的壶可谓穷工极巧，匠心独运，现存的束柴三友壶、梅干壶等均是世间极品。此外，还有杨彭年、邵大亨等的紫砂壶作品，也是闻名遐迩。

紫砂茶器

紫砂茶器

# 六、现代茶文化

1949年10月中华人民共和国成立以后，我国政府采取了一系列恢复和扶持茶叶生产发展的政策和措施，茶叶生产得到了迅速恢复和发展，全国有20个省、市、自治区产茶，产量逐年增加，出口量不断递增。特别是近20多年来，随着我国经济的繁荣发展，国人生活水平的提高，中国茶文化也有了飞速发展，凸显蓬勃之势。

20世纪80年代，一批有识之士提出，要提倡茶为国饮。实际上，提倡茶为国饮，能更好地展示茶叶在祖国的地位和作用，也能为造福人类提供物质和精神财富。茶是世界上最健康的饮料，一直以来，国际上都把茶定义为健康饮品，饮茶有抗氧化功能，能抗衰老、抗辐射、抗癌症。同时，还能起到杀菌、消炎，提高人体免疫力的作用。古今都有专家认为：提倡茶为国饮，有利于增强国民的体质。不仅如此，茶的功效与作用，还进入到精神和道德领域范畴。在“茶人精神”的激励下，茶在赋予人们“节俭、淡泊、朴素、廉洁”等人格思想的同时，还与孔孟之道、儒道佛等哲学思想交融，是一种“绿色的和平饮料”。茶融天、地、人于一体，不分你、我、他，“提倡天下茶人是一家”。提倡茶为“国饮”不仅弘扬了中国传统文化，促进茶产业发展，而且增强了人民体质，美化了社会环境。

如今，茶早已成为举国之饮，茶的“绿色保健”正好契合了当今人们追求健康的理念；茶的“至清至洁”正是人们修身养性之追求；茶的“天然生态”又符合了当今人们返璞归真的心态；品茶“天人合一”的意境与当今所倡导的“人、社会、自然”和谐相处，从而达到社会可持续发展的发展策略一致。

布茶席

# 第3章 觅道——从「茶艺」探寻「中国茶道」

茶道属于东方传统文化。“茶道”一词最早于我国唐代出现并使用。而茶道兴于唐，盛于宋、明，衰于清代。中国茶道的主要内容讲求五境之美，即茶叶、茶水、火候、茶具、环境，同时配以人之情绪等条件，以求“味”和“心”的最高享受。而被誉为美学宗教的，以和、敬、清、寂为基本精神的日本茶道，则是对唐宋遗风的美好继承。自古以来，文人雅士总是把品尝佳茗和品味人生相提并论，以茶道来省悟人生之道，品茶，亦是品人生。例如，《封氏闻见记》中：“又因鸿渐之论，广润色之，于是茶道大行。”唐代刘贞亮在《饮茶十德》中也明确提出：“以茶可行道，以茶可雅志。”文学家王心鉴《咏茶叶》诗中说：“千挑万选白云间，铜锅焙炒柴火煎。泥壶醇香增诗趣，瓷瓯碧翠泯忧欢。老聃悟道养雅志，元亮清谈祛俗喧。不经涅槃渡心劫，怎保本源一片鲜。”东方文化就是这样，它往往没有一个明确、科学的定义，需要靠每个人去参悟、贴近和理解它的精髓，茶道就是典型的东方文化的代表。

## 一、“道”与“茶道”

道有多种含义，一是指宇宙万物的本体，二是指事物的规律和准则，三是技艺与技术。

与茶结缘的茶道之“道”，是煮茶饮茶的规律、技术及技艺与煮饮过程中所悟到的道德融合。而茶道则是通过品茶活动来表现一定的礼节、人品、意境、美学观点和精神思想的一种行为艺术。它是茶艺与精神的结合，并通过茶艺表现精神。

具体说，茶道是指以一定的环境气氛为基调，以品茶、制茶、烹茶、点茶为核心，以语言、动作、器具、装饰为体现，以饮茶过程中的思想和精神追求为内涵的品茶约会的整套礼仪和个人修养的全面体现，是有关修身养性，学习礼仪和进行交际的综合文化活动与特有风俗。

茶道是发自内心的一种传意行为。是糅合中华传统文化艺术与哲理的、既源于生活又高于生活的一种修身活动，是以茶为媒介而进行的一种行为艺术，中国茶道，是借助茶事通向彻悟人生的一种途径。

# 二、“茶道”一词首见于中国大唐

中国是茶的原产地，茶文化的发祥地，历史悠久。据《华阳国志·巴志》“园有方翡，香茗”的记载，我国人工栽培利用茶树已有三千多年历史。茶，是中华民族的举国之饮。它发乎神农氏，闻于鲁周公，兴于唐，盛于宋，延续于明清。如今，饮茶嗜好遍及全球，全世界有近60个国家种茶。寻根溯源，世界各国最初所饮的茶叶、引种的茶种以及饮茶方法、栽培技术、加工工艺、茶风茶俗、茶礼茶道等，都是直接或间接地由中国传播去的。凡世界各国提及茶事者，无不与中国联系在一起。

茶，是茶道之本。但提起“茶道”，很多人都会不由自主联想到“日本茶道”，甚至认为只有日本才有茶道。然而事实上，“日本茶道”是日本人在不断学习唐宋时期中国茶文化的基础上，融入本国民族精神与审美理念创造出的具有日本民族特色的茶文化，属于中国茶文化的次生文化。

### 1. 诗僧皎然

在中国，“茶道”一词出现于中唐时期。唐代开始，中国饮茶风俗已从长江以南，风靡到长江以北，进而扩展到边疆。当时饮茶已在全国范围兴起。特别值得一提的是：人们不仅把茶看作是一种解渴的健康饮料，而且还从物质层面上升到精神世界，这可在唐代诗僧皎然的众多茶事诗中得到充分印证。

皎然（约720～约805年），名“昼”，本姓谢，长城（今浙江长兴）人，为南朝山水诗人谢灵运的十世孙。他出身江左望族，但生性旷达，兼修长生之术，崇尚空性之说。皎然善于烹茶，作有茶诗多篇，皎然深刻地揭示了茶的精神属性，并将茶的养心作用做了最完美的诠释。他在《饮茶歌送郑容》诗中云：“丹丘羽人轻玉食，采茶饮之生羽翼。名藏仙府世英知，骨化云宫人不识。”从诗中可以看出，道家思想对皎然饮茶影响很大，他认为只谈茶的物质属性是远远不够的，强调饮茶功效不仅可以除病祛疾，涤荡胸中忧虑，而且还会乘黄鹤而去，羽化飞向极乐世界。然而皎然毕竟还是个佛家，佛门思想对他影响更为深刻，故而又很讲究心和性的修养。

他的《饮茶歌·诮崔石使君》一诗是最早出现“茶道”一词的文献，诗中说：

越人遗我剡溪茗，采得金牙爨金鼎。

素瓷雪色缥沫香，何似诸仙琼蕊浆。

一饮涤昏寐，情思朗爽满天地。

再饮清我神，忽如飞雨洒轻尘。

三饮便得道，何须苦心破烦恼。

此物清高世莫知，世人饮酒多自欺。

愁看毕卓瓮间夜，笑向陶潜篱下时。

崔侯啜之意不已，狂歌一曲惊人耳。

孰知茶道全尔真，唯有丹丘得如此。

诗人体悟出饮茶所能渐次达到的涤昏、清神、得道三个境界，“三饮便得道”，这里所指的“道”，就是指饮茶带来的愉悦的精神状态，茶道即修身之道。诗的末尾，皎然特别提出“茶道”一词：“孰知茶道全尔真，唯有丹丘得如此。”提出茶道可以保全人们纯真的天性，认为只有仙人丹丘子那样的修行者，才能真正领悟到茶道的真谛。可以说皎然是中国茶文化史上第一次把“茶道”这一概念明确地提了出来的人，虽然与我们当今谈论的“茶道”概念还有一些区别，但意义之大是不言而喻的。可见，在1200年前，中国饮茶已遍及全国，还将饮茶之法称之为“茶道”，并将饮茶从物质层面上升到了精神世界。

### 2. 陆羽《茶经》与茶道

虽然是唐代诗僧皎然最早提出“茶道”一词，但有很多学者认为茶道的最初倡导者是唐代的陆羽。

陆羽（733～804年），复州竟陵（今湖北天门）人。字鸿渐，一名疾，字季疵，号竟陵子、桑苎翁、东冈子，又号“茶山御史”。陆羽是唐代著名的茶学家，被誉为“茶仙”，尊为“茶圣”，祀为“茶神”。陆羽一生嗜茶，精于茶道，他于780年完成了中国也是世界上第一本茶学著作——《茶经》。《茶经》中，陆羽不仅全面叙述了茶区分布、茶叶的生长、种植、采摘、制造、煎煮和饮用，还对迄至唐代的茶叶的历史、产地，以及茶叶的功效，都做了扼要的阐述，这些阐述，有的迄今还有参考价值。并且还从审美的视角提出，为了衬托茶汤之美，茶碗的选择要遵循“益茶”的原则，提出“茶之为饮，最宜精行俭德之人”。虽无“茶道”之名，却不乏“茶道”之实。《茶经》是茶道之本，是饮茶之道的开山之作，不仅开创了为茶叶著书的先例，而且为后世茶书的编写定出了大体的范围。

《茶经》共三卷十章七千余字。卷一：一之源，二之具，三之造；卷二：四之器；卷三：五之煮，六之饮，七之事，八之出，九之略，十之图。

《茶经》开篇“一之源”记述了茶树的起源：“茶者，南方之嘉木也，一尺、二尺，乃至数十尺。其巴山、峡川，有两人合抱者，伐而掇之。”这一记载为论证茶起源于中国提供了很关键的历史资料。对茶的名称，则提到：“一曰茶，二曰槚，三曰蔎，四曰茗，五曰荈”。在茶树栽培方面，陆羽特别注意土壤条件和嫩梢性状对茶叶品质的影响：“其地，上者生烂石，中者生砾壤，下者生黄土。”这个结论，至今已被科学分析所证实。茶树芽叶是“紫者上，绿者次；笋者上，牙者次；叶卷上，叶舒次。”这些与品质相关的论述，至今仍有现实意义。

《茶经》“二之具”“三之造”中，详细地记述了当时采制茶叶必备的各种工具。“四之器”中，列出了28种煮茶和饮茶器具，并将每件器具的制作原料、方法、规格、用途一一加以阐明。这是中国茶器发展史上，对茶器最明确、最系统、最完善的记录。它使后人能清晰地看到，唐代时中国茶器不但配套齐全，而且已是形制完备。“五之煮”中，论述了烤茶方法和烤茶燃料。接着，阐述了煮茶用水，陆羽提出煮茶用水“山水上，江水中，井水下”。最后，着重阐述了煮茶和饮茶方法。对煮茶，提出“三沸”之说。“六之饮”中首先提到饮茶的意义在于“荡昏寐”；接着指明了饮茶的沿革，从“发乎神农氏，闻于鲁周公”说到“盛于国朝（指唐朝）”；最后写道：“饮有粗茶、散茶、末茶、饼茶者。”此外，还对饮茶的方式方法作了说明。“七之事”中，列有中唐及中唐以前的茶事历史人物和历史资料。“八之出”中，把唐代茶叶产地分为山南、淮南、浙西、剑南、浙东、黔中、江南和岭南8大茶区。同时，为了比较茶叶品质的次第，还具体列出了唐代时茶叶产区中的43个州郡、44个县的名称。进而，还对各个茶叶产区的茶叶品质划分为“上”“下”和“又下”三等。“九之略”中，说明了在一定条件下，对采茶制茶的工具和煮茶饮茶的器具，不必机械地全部搬用，可以根据特定环境适当省略。“十之图”中，指出《茶经》要写在白绢上挂在座旁，这样就可一望而知。

《茶经》内容丰富，涉及的知识面很广，它包括植物学、农艺学、生态学、生化学、水文学、药理学、历史学、民俗学、地理学、人文学、铸造学、陶瓷学等诸多方面的学科，其中还辑录了不少现已失传的珍贵典籍片断。可以说《茶经》是一部茶学的百科全书。《茶经》的问世使“天下茶道大行”，对于茶文化的建立和发展有不可磨灭的贡献，标志着中国茶道的出世。

“中国茶道”不仅仅局限于包括种茶、采茶、制茶、泡茶等一系列技术法则，也展示了中国传统“礼”“乐”文化内涵的道德规范，是茶在品饮过程中所产生和形成的技、艺、道的一个文化集合体。

# 三、古代茶道思想与表现形式

## （一）古代茶道思想

陆羽在《茶经》中提出：茶“最宜精行俭德之人”，这四个字意味着中国茶道精神的确立。“精”为精诚专一，“行”为践行自律，“俭”为品性俭朴，“德”为淡泊守德。“精”是说喝茶的人必须是精神专一、做事认真的人。“行”是指喝茶的人要践行自律，不给他人增加麻烦。“俭”指喝茶人的品德应该是俭朴、内敛谦逊的人。“德”是指淡泊名利，能够守住自己的操行。即喝茶的人应该是内敛的人、自律的人、俭朴的人、谦逊的人。中国古代的茶道精神，即在“精”的技术规范基础上，倡导以“和”为精髓、以“礼”为中心、以“俭”为根本的茶道思想，从而开创了“天下茶道大行”的盛况。

然而“道”的含义并非固定不变。唐代封演的《封氏闻见记》卷六“饮茶”中记载：“楚人陆鸿渐为茶论，说茶之功效并煎茶炙茶之法，造茶具二十四事，以都统笼贮之，远近倾慕，好事者家藏一副。有常伯熊者，又因鸿渐之论广润色之，于是茶道大行，王公朝士无不饮者。”封演的“茶道大行”，是指饮茶的方式、方法及饮茶习俗的广为流传，这里的“道”指的是煎煮的技术。

两宋期间，有关茶的茶书和茶事诗文中的记述中，虽然没有直接提出“茶道”一次，但对茶道精神内涵的感悟颇深，论述丰富。宋徽宗赵佶《大观茶论·序》说：“至若茶之为物，擅瓯闽之秀气，钟山川之灵禀，祛襟涤滞，致清导和，则非庸人孺子可得而知矣，冲淡简洁，韵高致静。则非遑遽之时可得而好尚矣。”宋徽宗虽然治国无方，却是一个杰出的艺术家，他深谙饮茶之道，他认为茶拥有江浙福建天地灵秀之气，汇集名山大川日月之精华。因此拥有神奇的天赋力量，能够清闷、除烦、解滞，开阔胸襟，引导人们达到清净平和的心境。“致清导和”“韵高致静”是对茶道精神的高度概括。

宋代苏轼在《书黄道辅〈品茶要录〉后》一文中称：“黄道辅博学能及，淡然精深，有道之士也。”黄儒（字道辅）著有《品茶要录》，对建安团饼茶采制得失，依次列十说，所论精绝。苏轼评述说：“非至静无求，虚中不留，乌能察物之情如其详哉！昔张机有精理而韵不能高，故卒为名医；今道辅无所发其辩而寓之于茶，为世外淡泊之好，以此高韵辅精理者。”苏轼认为：黄儒提出建茶采制的十大得失，看似技术问题，其实是一个“道”的问题。人“非静无求，虚中不留”，就不可能有如此察物之情。即所谓“淡然精深”，只有人品“淡然”，才能察物“精深”。

明代茶人提出“茗理”的概念。明初政治家、道学家朱升，字允升，安徽休宁人，是朱熹的五传弟子。他所著的《茗理》诗前有序：“茗之带草气者，茗之气质之性也。茗之带花香者，茗之天理之性也。抑之则实，实则热，热则柔，柔则草气渐除。然恐花香因而太泄也，于是复扬之。迭抑迭扬，草气消融，花香氤氲，茗之气质变化，天理浑然之时也。漫成一绝。”诗为：“一抑重教又一扬，能从草质发花香。神奇共诧天工妙，易简无令物性伤。”诗中，“抑”指把鲜叶按压在一起，堆实；“扬”指簸动，向上播散；“物性”指事物的本性；“易简”指平易简约或宽和，不固执。“天理”是先天存在的，是万物运行的法则；“气质”指人的生理、心理等素质，是相当稳定的个性特点，相对“天理”而言是后天形成又包含了天理内涵的物质性的东西，例如人和万物的本体或本性。作为朱熹的五传弟子的朱升在《茗理》诗中表明茶鲜叶外显草气（气质之性）内藏花香（天理之性），只有遵循天理才能使草气消融，花香显露，制作出好茶。制茶过程中茶鲜叶由草气到花香的变化体现了人对茶本性（气质之性和天理之性的有机联系）的体认和把握，从而化气质明天理，达到“人茶一体”或“天人合一”。朱升创作的《茗理》诗正是以茶喻道，以茶明理，是对朱熹倡导的“存天理、灭人欲”的理学的认同和支持。

明代茶人张源在其《茶录》一书中，最后列“茶道”一节曰：“造时精，藏时燥，泡时洁。精、燥、洁，茶道尽矣。”这里的“茶道”是指茶叶生产和消费的技

术规则，追求茶的物质层面的至高要求。

从古今各家对“茶道”的阐述来看，大体分三类，一类认为茶道是饮茶品茗中所得到的精神升华，是一种艺术和美的享受，是一种修身养性的途径，如皎然等人所说；另一类认为茶道只是茶的物质层面的至高要求，如封演、张源等所说；再一类认为“道”包含了精神和物质两个方面，如苏轼的论说。

## （二）古代茶道的几种表现形式

### 1. 煎茶

煎茶法是指陆羽在《茶经》里所创造和记载的一种烹煎方法。

制茶的方法主要是由采茶、蒸茶、捣茶、拍打入模、焙茶，再经穿、封、保存等步骤制成饼茶。

在煎茶前，为了将饼茶碾碎，就得烤茶，即用高温“持以逼火”，并且经常翻动，“屡其正”否则会“炎凉不均”，烤到饼茶呈“蛤蟆背”状时为适度。烤好的茶要趁热包好，以免香气散失，至饼茶冷却再研成细末。煎茶需用风炉和釜作烧水器具，以木炭和硬柴作燃料，再加鲜活山水煎煮。煮茶时，初沸调盐，二沸时先在釜中舀出一瓢水，再用竹筴在沸水中边搅边投入碾好的茶末并加以环搅，三沸时，加进“二沸”时舀出的那瓢水，使沸腾暂时停止，以“育其华”。这样茶汤就算煎好了。

**酌茶：**即向茶盏分茶，使各碗沫饽均匀。

**品茶：**饮茶要趁热连饮，因为“重浊凝其下，精华浮其上”，茶一旦冷了，“则精英随气而竭，饮啜不消亦然矣”。将鲜白的茶沫、咸香的茶汤和嫩柔的茶末一起喝下去。分茶最适宜的是头三碗，以后依次递减，到第四五碗以后，如果不特别口渴，就不值得喝了。

如果是煮茶法还要把葱、姜、枣、橘皮、薄荷等物与茶放在一起，充分煮沸。

### 2. 斗茶

宋代民间饮茶之风盛行，逐渐形成了极具特色的民间茶道。宋代民间茶道以斗香斗味的“斗茶”活动和“分茶”技艺为特色。古代文人雅士各携带茶与水，通过比茶面汤花和品尝鉴赏茶汤以定优劣的一种品茶艺术。斗茶又称为茗战，兴于唐代末，盛于宋代。最先流行于福建建州一带。斗茶是古代品茶艺术的最高表现形式。其最终目的是品尝，特别是要吸掉茶面上的汤花，最后斗茶者还要品茶汤，做到色、香、味三者俱佳，才算斗茶的最后胜利。

斗茶内容包括：斗茶品、斗茶令、茶百戏。

**斗茶品：**斗茶品以茶“新”为贵，斗茶用水以“活”为上。一斗汤色，二斗水痕。首先看茶汤色泽是否鲜白，纯白者为胜，青白、灰白、黄白为负。汤色能反映茶的采制技艺，茶汤纯白，表明采茶肥嫩，制作恰到好处；色偏青，说明蒸茶火候不足；色泛灰，说明蒸茶火候已过；色泛黄，说明采制不及时；色泛红，说明烘焙过了火候。其次看汤花持续时间长短。宋代主要饮用团饼茶，调制时先将茶饼烤炙碾细，然后烧水煎煮。如果研碾细腻，点茶、点汤、击拂都恰到好处，汤花就匀细，可以紧咬盏沿，久聚不散，这种最佳效果名曰“咬盏”。点茶、点汤，指茶、汤的调制，即茶汤煎煮沏泡技艺。点汤的同时，用茶筅旋转击打和拂动茶盏中的茶汤，使之泛起汤花，称为击拂。反之，若汤花不能咬盏，而是很快散开，汤与盏相接的地方立即露出“水痕”，这就输定了。水痕出现的早晚，是茶汤优劣的依据。斗茶以水痕晚出为胜，早出为负。有时茶质虽略次于对方，但用水得当，也能取胜。所以斗茶需要了解茶性、水质及煎后效果，不能盲目而行。

**斗茶令：**斗茶令，即古人在斗茶时行茶令。行茶令所举故事及吟诗作赋，皆与茶有关。茶令如同酒令，用以助兴增趣。

**茶百戏：**又称汤戏或分茶，是宋代流行的一种茶道。即将煮好的茶，注入茶碗中的技巧。在宋代，茶百戏可不是寻常的品茗喝茶，有人把茶百戏与琴、棋、书并列，是士大夫们喜爱与崇尚的一种文化活动。宋人杨万里咏茶百戏曰：“分茶何似煎茶好，煎茶不似分茶巧……”

茶百戏，能使茶汤汤花瞬间显示瑰丽多变的景象。若山水云雾，状花鸟鱼虫，如一幅幅水墨图画，这需要较高的沏茶技艺。

宋代是中国茶道发展的鼎盛时期，饮茶方法在唐代基础上又迈进了一步，迅速发展了合于时代的、高雅的点茶法。与唐代茶道相比，宋代茶道走向多级，宋代茶道出现了文人茶道、宫廷茶道、宗教茶道、民间茶道的分化。

### 3. 点茶

点茶是古代沏茶法之一。相较于唐代的煎茶之重于技艺，宋代的点茶法则更加重视意境。宋代蔡襄《茶录》载：“茶少汤多则云脚散，汤少茶多则粥面聚。钞茶一钱七，先注汤，调令极匀，又添注入，环回去拂，汤上盏可四分则止，视其面色鲜白，着盏无水痕为绝佳。建安开试，以水痕先者为负，耐久者为胜。”又说：“茶之佳品，皆点啜之。其煎啜之者，皆常品也”。表明宋代沏茶，时尚的是点茶。

点茶，也常用来在斗茶时进行。它可以在二人或二人以上进行，但也可以独个自煎（水）、自点（茶）、自品，它给人带来的身心享受，能换来无穷的回味。

### 4. 工夫茶

清代（至今某些地区流行）工夫茶是唐、宋以来品茶艺术的流风余韵。清代工夫茶流行于福建的汀州、漳州、泉州和广东的潮州。工夫茶讲究品饮工夫。饮工夫茶，有自煎自品和待客两种，特别是待客，更为讲究。

# 四、现代茶道思想

唐代皎然首先提出“茶道”一词，即明示饮茶不仅是物质享受，也是精神开释。这种茶道观念上可以追溯到魏晋时期，也一直延续到当今。今天的茶道是古代茶道的延续和发展，现代茶道思想是通过饮茶习俗与中华传统文化内涵、礼仪相结合而形成的具有鲜明中国文化特征的文化现象。

近现代的茶人、专家、学者对“茶道”的理解则更偏重于精神文明层面。周作人在《泽泻集·吃茶》中写道：“茶道的意思，用平凡的话来说，可以称作‘忙里偷闲，苦中作乐’，在不完全的现世享受一点美与和谐，在刹那间体会永久。”

吴觉农先生在《茶经述评》中分析了人们饮茶的不同目的：“一种是把茶当作药物，饮茶用以防治疾病；一种是把茶当作生活的必需品，不可一日或缺；还有一种是把茶视为珍贵的、高尚的饮料，饮茶是一种精神上的享受，是一种艺术，或是修身养性的手段。”

浙江农业大学茶学专家庄晚芳教授在1990年发表的《茶文化浅议》一文中明确主张“发扬茶德，妥用茶艺，为茶人修养之道”。他提出中国的茶德应是“廉、美、和、敬”，即廉俭育德，美真康乐，和诚处世，敬爱为人。具体内容为：

廉——推行清廉、勤俭有德。以茶敬客，以茶代酒。

美——品茗为主，共尝美味，共闻清香，共叙友情，康乐长寿。

和——德重茶礼，和诚相处，搞好人际关系。

敬——敬人爱民，助人为乐，器净水甘。

中国农业科学院茶叶研究所前所长程启坤和研究员姚国坤在1990年发表的《从传统饮茶风俗谈中国茶德》一文中，则主张中国茶德可用“理、敬、清、融”四字来表述：

**理**——理者，品茶论理，理智和气之意。两人对饮，以茶引言，促进相互理解；和谈商事，以茶待客，以礼相处，理智和气，造成和谈气氛；解决矛盾纠纷，面对一杯茶，以理服人，明理消气，促进和解；写文章、搞创作，以茶理想，益智醒脑，思路敏捷。

**敬**——敬者，客来敬茶，以茶示礼之意。无论是过去的以茶祭祖，还是今日的客来敬茶，都充分表明了上茶的敬意。久逢知己，敬茶洗尘，品茶叙旧，增进情谊；客人来访，初次见面，敬茶以示礼貌，以茶媒介，边喝茶边交谈，增进相互了解；朋友相聚，以茶传情，互爱同乐，既文明又敬重，是文明敬爱之举；长辈上级

来临，更以敬茶为尊重之意，祝寿贺喜，以精美的包装茶作礼品，是现代生活的高尚表现。

**清**——清者，廉洁清白，清心健身之意。清茶一杯，以茶代酒，是古代清官的廉政之举，也是现代提倡精神文明的高尚表现。1982年，首都春节团拜会上，每人面前清茶一杯，显得既高尚又文明，“座上清茶依旧，国家景象常新”，表明了我国两个文明建设取得了丰硕成果。今天强调廉政建设，提倡廉洁奉公，“清茶一杯”的精神文明更值得发扬。“清”字的另一层含义是清心健身之意，提倡饮茶保健是有科学根据的，已故的朱德委员长曾有诗云：“庐山云雾茶，示浓性泼辣。若得长年饮，延年益寿法。”体会之深，令人敬佩。

**融**——融者，祥和融洽、和睦友谊之意。举行茶话会，往往是大家欢聚一堂，手捧香茶。有说有笑，其乐融融；朋友，亲人见面，清茶一杯，交流情感，气氛融洽，有水乳交融之感。团体商谈，协商议事，在融洽的气氛中，往往更能促进互谅互让，有益于联合与协作，使交流交往活动更有成效。由此可见，茶在联谊中的桥梁组带作用是不可低估的。

两位专家还认为，中国的茶，能用来养性、联谊、示礼、传情、育德，直到陶冶情操，美化生活。茶之所以能适应各种阶层，众多场合，是因为茶的情操、茶的本性符合中华民族的平凡实在、和诚相处、重情好客、勤俭育德、尊老爱幼的民族精神。所以，继承与发扬茶文化的优良传统，弘扬中国茶德，对促进我国的精神文明建设无疑是十分有益的。

陈香白先生提出中国茶道“七艺一心”说，即中国茶道形成于盛唐，涵盖茶艺、茶礼、茶德、茶理、茶情、茶学说，茶道引导七种义理，陈香白教授认为中国茶道精神的核心就是“和”。“和”意味着天和、地和、人和。它意味着宇宙万物的有机统一与和谐，并因此产生实现天人合一之后的和谐之美。一个“和”字，不但囊括了所有“敬”“清”“寂”“廉”“俭”“美”“乐”“静”等意义，而且涉及天时、地利、人和诸层面。请相信：在所有汉字中，再也找不到一个比“和”更能突出“中国茶道”内核、涵盖中国茶文化精神的字眼了。

中国台湾地区的国学大师林荆南教授将茶道精神概括为“美、健、性、伦”四字，即“美律、健康、养性、明伦”，称之为“茶道四义”。周渝先生也曾提出“正、静、清、圆”四字作为中国茶道精神的代表。

以上各家对中国茶道的基本精神（茶德）的归纳，虽然不尽相同，但其主要精神是一致的，而且实质上与日本茶道和韩国茶礼的基本精神也是相通的。

专注泡茶

# 五、中国茶道思想的传播

中国是茶的发源地，中华民族是最早发现和利用茶叶的民族。茶，作为世界三大健康饮品之一，足迹遍布了整个世界。目前世界上有160多个国家饮茶，50多个国家种茶。英国人将茶奉为“健康之液，灵魂之饮”，日本倡导“全民饮茶运动”，世界著名科学史家李约瑟博士将茶叶列为中国继四大发明之后对人类的第五个重大贡献。而茶道在发展与传播过程中，各国结合本国的生活习惯、历史文化、人文习俗等形成了风格独特的饮茶习俗。不同的茶俗，反映了不同民族、地区、国家的不同价值理念和文化取向。世界各国的茶树栽培及加工技术，乃至饮茶文化都是直接或间接地由中国传入。

## （一）中国茶的对外传播方式

中国茶的对外传播方式主要有以下几种：

### 1. 通过来华的僧侣和使者，将茶叶带往周边的国家和地区

古时，通过来华学佛的僧侣和各国来华的友好使臣，将茶或茶种带往国外的例证是很多。如804年，日本遣唐高僧最澄及翻译义真等一行来华，经浙江明州（今宁波）上岸赴台州就学于天台山国清寺。翌年（805年）三月初，最澄回国时，除从国清寺带回经文典籍外，还特地带回一些茶籽，回国种于近江（今滋贺）县比睿山麓，种茶遗存至今仍在。805年，日本佛教真言宗创始人空海来中国研修学佛，在长安青龙寺修禅，回国时也带回茶籽，种于日本京都拇尾山高山寺等地。如今，这里已成为日本名茶的主产区。

1603年，英国在爪哇（今印度尼西亚）万丹设立万丹东印度公司。期间，旅居在万丹的英国员工和海员，受当地华人影响，开始对饮茶发生兴趣，进而成为中国茶的积极推广者，并将茶叶带回英国，由此开始，英国饮茶之风逐渐蔓延开来。1658年9月23日，英国伦敦《政治公报》还刊登一则广告：中国的茶，是一切医生们推荐并赞誉的优质饮料。并说，在伦敦皇家交易所附近的“苏丹王妃”咖啡店有售。这是英国，也是西方众多国家中最早出现宣传的中国茶叶的广告。又据（美）威廉·乌克斯《茶叶全书》记载：1710年10月19日，英国泰德（Tatter）报上，还刊登了一则宣传中国武夷茶的广告：“范伟君在怀恩堂街贝尔商店出售武夷茶。”这是中国武夷茶在国外的最早广告。

这种通过来华使者将茶叶带出国门的途径，多数带有主观意识，有目的地进

虚间茶学堂

行，其结果是使茶种在世界各地生根开花，直至扩大生产，使茶成为一业。

### 2. 在互派使节的过程中，将茶作为珍贵礼品馈赠给使者

通过中国政府派出或各国来华使节，将茶作为珍贵礼品馈赠给使者，流传至国外。828年，唐文宗大和二年，新罗国（今韩国）派遣唐使出使中国。回国时，唐文宗李昂将书籍、茶籽赠予新罗国使节金大廉。金大廉回国后，将带回的茶籽种于今韩国全罗道州智异山下的华严寺旁，至今遗存犹在。

838年，日本国派遣慈觉大师圆仁来华，先后在福建泉州开元寺、山西五台山和长安等地研修佛学。847年，圆仁从长安留学后回日本。据载，当时圆仁从中国带回的物品中，除了有800多部佛教经书和诸多佛像外，在唐政府馈赠的物品中，就有"蒙顶茶二斤，团茶一串"的记述。圆仁回国后，著有《入唐求法巡礼》行记，书中记有：唐会昌元年，大庄严寺开佛牙，"设无碍茶饮"供养。表明以茶供佛在唐已有所见，后来还流传日本。

1664年，清圣祖康熙三年时，据史籍记载：西洋意达里亚国教化王伯纳第多派使节，奉表向清政府进贡方物。接见后，清政府回赠的礼品中，就有貂皮、人参、瓷器、芽茶等物。"意达里亚"就是当今的意大利，表明至迟在17世纪中期，中国茶叶通过馈赠方式，已流传到西方。

凡此等等，采用以茶为媒，以媒传情，以茶示礼的方法，使茶走向世界的实例，不胜枚举。这种以茶馈赠各国政府首脑、政要、使者的做法，在历史上比比皆是，当代亦然。

1949年，毛主席第一次出访苏联，为斯大林送去了来自中国浙江的龙井和安徽的祁门红茶，以国内最负盛名的两款名茶相赠。1972年2月，美国总统尼克松访华，国务院总理周恩来陪同尼克松到访杭州，参观西湖龙井茶产地梅家坞茶村后，又在杭州百年名馆"楼外楼"宴请尼克松，席间有一道别致的名菜"龙井虾仁"，盘中虾球白里透红，如珍珠般晶莹；龙井茶碧绿鲜润，散落其间；整盘菜仿佛是巧夺天工的艺术品，引起尼克松的极大兴趣。饭后，招待方又奉上一杯清香四溢的龙井茶，沁人心脾，妙不可言！尼克松不由翘指称赞。茶后，周恩来总理又代表杭州人民将一包西湖龙井茶送给尼克松。2007年3月，国家主席胡锦涛访问俄罗斯期间，将既能体现中国茶文化，又深具代表性的中国名优茶黄山毛峰、太平猴魁、六安瓜片和绿牡丹（茶）作为国家礼品，赠送给俄罗斯总统普京，为加深中俄友谊做出了贡献。2015年李克强总理款待德国总理默克尔时，还以黄山毛峰相赠。

这种通过赠送，将茶叶作为礼品馈赠到世界各地的方式，其实，也是茶叶走出国门，走向世界的一条重要途径。

### 3. 通过贸易往来将茶传到国外

通过商路，进行国与国之间的贸易往来，以经贸的方式将茶叶传到国外，这是最常见、最直接的一种传播方法。据（美）威廉·乌克斯《茶叶全书》载：早在475年前后，中国与土耳其商人在蒙古边境贸易时，就开始以茶易物，这是中国茶叶对外贸易的最早记录。

又据唐代封演《封氏闻见记》记载，早在8世纪末，在唐德宗时，在京城长安与西北边境，以及中亚、西亚地区，已经开始通过以马易茶，进行“茶马互市”，使茶沿着丝绸之路走出国门，进入西域。

1689年，在中俄《尼布楚条约》中增添了不少商务内容，茶是其中之一。自此开始，俄国商队就源源不断来到中国，将茶叶和丝绸由张家口经内蒙古、西伯利亚贩运至俄国欧洲地区。1727年，中俄签订《恰克图互市界约》，为中俄茶叶贸易打开了一条发展通道。从此，中俄茶商就在边境进行以茶易物。

又据晚清王之春《清朝柔远记》记载：随着清时海禁的逐渐松弛，至1729年时，“诸国咸来（厦门）互市，粤、闽、浙商亦以茶叶、瓷器、色纸往市”。当时，厦门已发展成为一个进出口贸易港口，不但允许东南亚各国商人携货前来厦门贸易，而且也允许广东、福建、浙江商人来厦门，并从厦门去东南亚各国进行茶叶贸易往来。从此，中国茶叶源源不断输入东南亚诸国。

中国海上茶叶贸易肇始于1516年，当时西方葡萄牙商人以马来半岛的麻剌甲（今马来西亚马六甲）为据地，率先来到中国进行包括茶叶在内的贸易活动。从此打开了海上茶叶贸易活动的门户。

19世纪80年代，中国茶叶出口创历史最高纪录。根据当时海关统计，全国茶叶

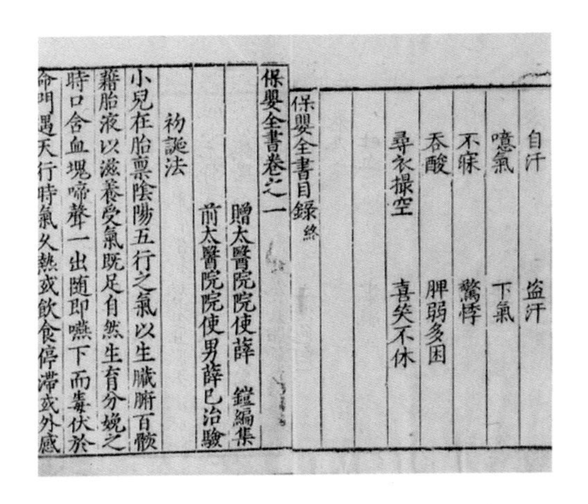
自汗　盜汗
噫氣　下氣
不寐　驚悸
吞酸　脾弱多困
尋衣撮空　喜笑不休
保嬰全書目錄終
保嬰全書卷之一
贈太醫院院使薛　鎧編集
前太醫院院使男薛己治驗
初誕法
小兒在胎禀陰陽五行之氣以生臟腑百骸藉胎液以滋養受氣既足自然生育分娩之時口含血塊啼聲一出隨即嚥下而毒伏於命門遇天行時氣久熱或飲食停滯或外感

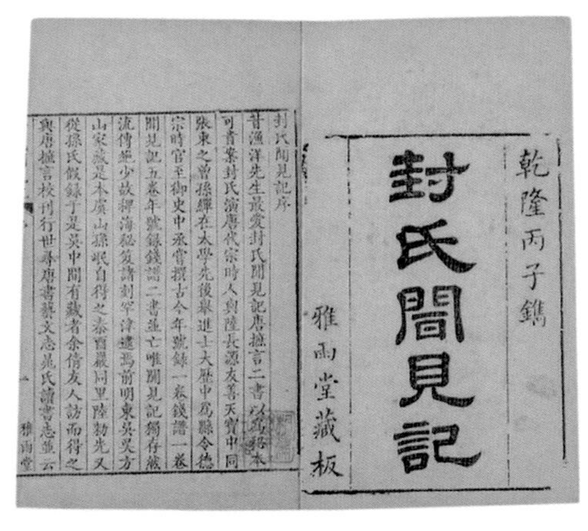
乾隆丙子鐫
封氏聞見記
雅雨堂藏板

《封氏闻见记》书影

出口最高，数量占世界茶叶出口总量的80%以上。

由上可见，中国茶叶对外贸易，在17世纪前，虽然通过陆路与海路都有贸易在往来，但数量有限，主要对象是亚洲，如日本、朝鲜半岛，以及西亚、中亚等近邻国家。17世纪开始，中国茶叶才开始大批量地北上俄国，并通过海路进入西方世界。表明以经贸方式将茶叶传播到世界各国，对外贸易是最主要的一条传播途径：它受众面广，限制因素少，因此成为历史上中国茶叶输出国外，走出国门，进入世界的一条最主要的传播途径。

#### 4. 西方传教士对推进茶叶的传播也起到了重要作用

西方传教士对推进茶叶向西方传播，在历史上起过重要作用，他们在中国传教的同时，不但自己喜欢茶，爱喝茶；而且还向西方民众宣传茶的作用，使西方接受茶，并进而推进了茶叶的西进。

### （二）中国茶在全球生根发芽

#### 1. 日本茶道

日本茶道是日本一种仪式化的为客人奉茶之事。日本茶道深受中国茶文化影响。茶文化自中国东传日本，始于1200多年前的盛唐时期，此时的中国经济和文化都极为发达。中国鉴真和尚应日本佛教界和政府的邀请，六次东渡日本传戒，为传播优秀的大唐文化做出了卓越贡献。与此同时，鉴真也是最早把大唐的茶叶、茶种及饮茶习尚带到日本的高僧。中唐时期是中国茶道的确立期，也是日本向唐朝派遣使者取经学习之风最盛的时期，有很多日本高僧来到中国，并在中国的寺院里接触了解到中国茶与茶文化。当时，日本是政教合一的国家，前来学习的使团中有很大一部分是精挑细选出来的僧人。僧人们来到中国后，会入驻最好的寺庙。日本的僧人除了跟中国的高僧研习佛法，也学习中国的文化、礼仪、法律等知识。

从唐朝开始，僧人种茶、饮茶已是很普遍的现象。唐朝的时候，日本的僧人最澄禅师回国时带回茶籽栽种于滋贺县日吉神社附近，使这里成为日本最古老的茶园。宋朝的时候，荣西禅师先后两次到浙江的天台山学习，除了研习中国的文化、佛法，还掌握了当时中国的种茶制茶技术，以及宋朝盛行的点茶艺。回国时，荣西带走了大量经卷和茶籽。荣西禅师把茶籽种在了今佐贺一带的春振山及山寺拇尾高山寺周围。荣西禅师还应宇治市的要求，派寺里的僧人明惠上人将拇尾茶移栽到了宇治，开创了宇治茶的种植史。荣西禅师写了著名的《吃茶养生记》，根据在中国的见闻，讲述了点茶之法，在日本影响深远。荣西禅师在日本被尊称为“茶祖”。自荣西归国后，饮茶之风在僧侣界、贵族、武士阶层十分盛行，茶园面积不断扩大，点茶艺是主流的饮茶法，形成了日本的“抹茶道”，它是日本茶文化的主要呈现形式。

明清时期，日本高僧村田珠光将禅与茶结合起来，开创了“草庵茶”，从此在日本，饮茶有了一定的仪轨，日本的茶文化由此上升到“道”，把以享乐为趣的品茶上升为一种艺术，一种哲学，一种宗教仪式，富含禅意。村田珠光之后，武野绍鸥对茶道有了更进一步的发展，他的学生——千利休在村田珠光、武野绍鸥的基础上，将草庵茶进一步深化，使茶道摆脱了物的束缚，升华到清寂淡泊的层面。千利休被称为日本的“茶圣”，是日本茶道的集大成者，对日本茶道的形成起到了推波助澜、奠定根基的作用。他明确提出“和、敬、清、寂”为日本茶道的基本精神，要求人们通过茶室中的饮茶活动进行自我思想反省，彼此思想沟通，于清寂之中去掉自己内心的尘垢和彼此的芥蒂，以达到和敬的目的。“和、敬、清、寂”被称为日本“茶道四规”。和、敬是处理人际关系的准则，通过饮茶做到和睦相处、互敬，以调节人际关系；清、寂是指环境气氛，要以幽雅清静的环境和古朴的陈设，造成一种空灵静寂的意境，给人以熏陶。他提倡朴素，反对奢侈，恪守清寂，把茶道作为陶冶品行的修身方法。

千利休的后代在继承千利休茶风的基础上开辟了日本茶道的主要流派，称为日本茶道“三千家”。三千家的茶道以千利休茶道理论为指导思想，都有各自不同的风格，但都属于日本抹茶道。

日本煎茶道的形成晚于抹茶道，是受中国明代散茶泡饮法的影响而形成。明末清初，中国高僧隐元于1654年应邀东渡日本。在日本宇治创建黄檗山万福寺，成为禅宗黄檗宗之祖。自此，明代冲泡法饮茶之风传入日本。日本人又将冲泡饮茶之法融入本民族的茶道礼法中，兴起了一种新的茶道——煎茶道。

日本茶道的形成有一个漫长的过程，它深受中国佛教文化和古代礼法的影响，并慢慢融入了日本人的审美情趣、宗教意识和礼仪思想。根据日本《茶之文化史》记载，“茶道”源于“茶礼”，“茶礼”源于我国宋代《禅苑清规》，由此可知“日本茶道”来源于中国，并与“径山茶宴”有渊源关系。但后来，日本茶道却走了一条与中国茶文化不同的发展道路。中国茶文化是一种原生、自然生成的文化，而日本茶和饮茶文化都是于公元8世纪从中国传入日本的，并且不是作为药，也不是作为单纯的饮料而传入，而是作为一种高雅的大唐文化而传播的。在传入的400年时间里只供奉统治阶层。到公元15～16世纪，在禅宗、武士文化、日本固有文化的融合下，才诞生了日本民族文化经典——日本茶道。日本一般民众饮茶则是18世纪的事了，那时是江户时代中期。

日本茶道发展至今已产生了很多流派，各个流派在实施过程中虽千差万别，但都谨守陆羽《茶经》倡导的核心精神：一是“礼”。日本茶道对礼的看重高于一切，茶叶、茶器、茶水、茶室因环境条件改变而难免参差不齐，尚不为人所怪，唯失礼断不可为。二是“道”。《吃茶养生记》在日本的地位堪比《茶经》在中国的地位，此书是用汉文写成的，首言即道：“茶也，养生之仙药也，延龄之妙术也。”由此可见日本茶道追求的是道家“羽化成仙”的终极目标，但其实践中用的又是“修性成佛”的清规戒律，从精神内涵到实践形式，日本茶道都有着深厚的宗教色彩。

与日常生产生活文化基本隔绝的日本茶道不仅纯艺术化，也偏重于程式化，与中国茶文化大不相同。日本茶道对茶事过程中涉及的方方面面都做了细致入微的规定，包括茶道的建筑及设施、茶道具、茶事中的礼仪和形式，茶人必须在规定的程序内完成茶事活动，茶人的位置、动作，甚至主客对话都有严格的规定和要求。而日本茶道的精神，就是蕴含在这些看起来烦琐的茶事程序之中，这也是日本茶道的魅力所在。很多日本人一辈子都在学习茶道，通过学习茶道，建立自己的社交群体，更主要是通过学习点茶的动作来磨炼自己的意志，锻炼自己的忍耐性，让自己的为人处世更加细心周密。

现代的茶道，由主人准备茶与点心（和果子）招待客人，而主人与客人都按照固定的规矩与步骤行事。除了饮食之外，茶道的精神还延伸到茶室内外的布置，品鉴茶室的书画布置、庭园的园艺及饮茶的陶器都是茶道的重点。

茶道建筑是日本茶道的一个非常重要的组成部分。一般由茶庭和茶室两部分组成。茶庭是外界尘世浸入茶室的通道，是修行的场所，由小茅棚、石制洗手钵、厕所、石板小道及树木植物等构成。客人在进入茶室前，必须经过一小段茶庭（自然景观区），这是为了客人在进入茶室前先静下心来，使身心完全融入自然之中。茶室门外设一水缸，家人用一长柄的水瓢从缸中盛水、洗手，然后将水送入口中漱口，目的是将内外的凡尘洗净，然后，把一个干净的手绢放入前胸衣襟内，再取一把小折扇插在身后的腰带上，再进入茶室。茶室地面铺榻榻米，一般可招待3位客人。茶室内设壁龛、地炉。室内全采用自然光。客人入口是一个小门，进出时要屈膝而行，表示一种谦恭的态度。进入茶室，身穿朴素和服、举止文雅的女茶道师会礼貌地迎上前来。日本茶道精细、复杂，因而所用茶具也很多，茶道具讲究自然美，尽量避免人工精雕细刻。并且将茶具视为“有生命”之物，茶人对茶道具十分珍惜，茶事中要向茶具行礼。日本茶道的表现形式即茶事活动，是茶道理念的实践，整个茶事活动通常为4小时。日本茶道精细、复杂、严谨，对茶事活动中每一

个细节都做了严格的规定和要求。甚至主、客之间的对话也基本是固定的，不能随便讲话。

日本文化大师冈仓天心在《茶之书》中对茶道的定义是："茶道是一种对'残缺'的崇拜，是在我们都明白不可能完美的生命中，为了成就某种可能的完美，所进行的温柔试探。"许多人会认为，日本人饮茶，只重形式。其实日本茶道之所以程序复杂，并非要把客人的注意力从茶的本身上引开，而是要客人专志于饮茶的全过程，从而把人从世俗的紧张、烦恼等事务中解脱出来，以便更好地修身养性。

### 2. 韩国茶礼

韩国"茶礼"如日本"茶道"一样，都源于中国。朝鲜半岛与中国山水相连，自古以来文化经济交流就很频繁。据《三国史记·新罗本记》记载："兴德王三年冬十二月，遣使人入唐朝贡，文宗召对于麟德殿，宴赐有差。入唐回使大廉持茶种来。王使植地理山，茶自善德王时有之，至于此盛焉。"此文中的"兴德王三年"是公元828年，是陆羽（733～804年）去世20多年后，"地理山"即智异山，今韩国的庆尚南道，由这段记录可知，中国茶传入朝鲜半岛至少已有一千多年的历史。

在中国茶传入朝鲜半岛的早期，人们就认识到茶能使头脑清醒，驱赶睡眠，适合于冥想，还是祭奠祖先和供佛仪式中的绝佳礼品，所以主要为修道僧、仕宦、贵族所好。随后的高丽时代是朝鲜半岛茶文化史上的全盛时期，除继承新罗时代的丧礼和祭礼外，茶礼贯彻于朝廷、官府、僧俗等各阶层，出现了朝鲜半岛独有的与茶有关的各种制度和设施。高丽时期最初盛行点茶法，到高丽末期，开始流行泡茶法。继起的李氏朝鲜时代，茶文化经历了衰微和再兴期，而后的日本统治时期，殖民地政策使朝鲜民族固有的茶文化逐渐衰退，出现了日本式茶道的韩国化。近年来，"复兴茶文化"运动在韩国积极开展，许多学者、僧人深入研究茶礼的历史，出现了众多的茶文化组织和茶礼流派。

韩国茶礼是高度仪式化的茶文化，极其讲究茶礼仪式。韩国茶礼分为仪式茶礼和生活茶礼两大类。仪式茶礼是在各种礼仪、仪式中举行的茶礼。每年5月25日为韩国茶日，年年举行茶文化祝祭。主要内容有韩国茶道协会的传统茶礼表演，韩国茶人联合会的成人茶礼和高丽五行茶礼，以及国仙流行新罗茶礼、陆羽茶汤法等。高丽五行茶礼是古代茶祭的一种仪式，以规模宏大、人数众多、内涵丰富，而成为韩国国家级的进茶仪式。所有参与茶礼的人都有严谨有序的入场顺序，一次参与者多达50余人。五行茶礼的核心是祭扫韩国崇敬的中国"茶圣"——炎帝神农氏。生活茶礼是日常生活中的茶礼，有"末茶法""饼茶法""钱茶法""叶茶法"四种类型。

由于中国与朝鲜半岛地相连人相亲，在接受中国茶文化的时候，不仅有专门的官方使者学习取经，还有更广泛的民间交流，因此韩国来华的习茶者对《茶经》和中国茶文化的领悟相比日本的学习者更为本真和全面。中国儒家的中庸思想被引入韩国茶礼之中，形成“中正”的精神。韩国茶礼以“和、敬、俭、真”为根本精神，奉行《茶经》所倡导的茶文化的核心精神——“和”。韩国“茶礼”正是以“和”为根本宗旨，要求人们心地善良，和平共处，互相尊敬，互相帮助。“敬”是要有正确的礼仪，尊重别人，以礼待人。“俭”是俭朴廉正，提倡朴素的生活。“真”是要有真诚的心意，以诚相待，为人正派。韩国“茶礼”的整个过程，从迎客、环境与茶室陈设、书画、茶具造型与排列，到投茶、注茶、点茶、吃茶等有严格的规范与程序，力求给人以清静、悠闲、高雅、文明之感，而无日本茶道中仪式繁缛带来的身心之累。

### 3. 英国下午茶

欧洲人的饮茶史始于17世纪的大航海时代，中国茶叶通过对外贸易相继传到荷兰、英国、法国、德国、瑞典、丹麦、西班牙等欧洲国家。18世纪，饮茶风俗已传遍整个欧洲。英国是接受中国茶文化洗礼最深也是最执着的欧洲国家，其进口茶叶历史悠久，消费量大，在世界茶叶贸易中占有重要地位。英国人的生活里，茶是不可或缺的东西，一日需饮茶数次，如晨起时的“床头茶”，早餐时的“早餐茶”，上午工作休息时的“上午茶”，午餐时的“午餐茶”，下午工作休息时的“下午茶”，晚餐时的“晚餐茶”以及就寝前的“寝前茶”等。讲究者，在不同时段用不同的专用茶叶、不同的茶具，点心搭配、品茗环境也有不同的气氛。其中以下午茶（一般在下午4时～5时）最受重视，成为每日社交与人际活动的重要组成部分。英国人对饮茶用具也十分讲究，喜欢用上釉的陶瓷器具，不喜欢用银壶和不锈钢的茶壶，因为他们认为金属茶具不能保持温度，锡壶、铁壶还有损茶味。

英国人对茶的爱非常执着，有资料介绍，英国每天要消费1.6亿杯茶。对嗜茶者来说，一天要喝好几杯茶，有的早晨一起床就要喝早茶。目前英国是世界第一大茶叶进口国。英国的茶叶消费量很高，最多时达到人均年消费4.5千克左右，居世界第一。即使在今天受到多种新型饮料的竞争，但茶叶仍是英国的第一大饮料。据调查，10岁以上的英国人中，71.3％的人有每天饮茶的习惯。茶叶不愧是英国的“国饮”。

据说茶在英国的普及还要感谢医生。很长一段历史时期，伦敦都是一座很小的城市，经过16世纪的圈地运动， 17、18世纪蒸汽机的发明与改良，英国开始了声势浩大的工业革命，开启了整个英国的城市化进程，人口不断聚集，伦敦成为人口密集的都市。而人口的急剧增多带来大量生活污水的排放，河流中滋生了大量的细菌，其中以大肠杆菌为主。喝了河里的污水，人就容易拉肚子。当时医疗条件有限，一大批人就因为拉肚子而丢了性命。英国医生发现，水污染导致的疾病会让一大片人丧命，而喝茶的这批人患病率要少得多。当时的医生一再推广饮茶的好处，其实从根本上来讲是因为茶能够让人逃过一场劫难。可以说，因为茶的存在，英国的城市人口得以不断增加，工业革命也能顺利开展。在工业革命的推动下，英国国力大幅度提升，跃居欧洲第一位。伴随着工业化和城市化的进程，18世纪兴起的下午茶很快就从上流社会流行到整个城市，再加上医生对饮茶健康的大力倡导，茶的需求量日渐加大，贸易量也逐年增加。

英国人爱喝汤色红艳、滋味浓鲜的红碎茶，再在茶汤中加入方糖和牛奶。通常加牛奶、方糖的次序是：先在杯中放入牛奶，用壶将茶泡好后，再冲入杯中与牛奶混合，最后再放进方糖。顺序不能颠倒，假如先倒茶汤再放牛奶就被认为是没有教养。有的英国人也喜欢喝什锦茶，即将几种茶叶（红、绿、乌龙茶等）混合冲泡。也有的在茶汤中加入橘子、玫瑰、柠檬汁等佐料。他们认为，这样就会使茶叶中伤

英式下午茶

胃的咖啡因减少，更能发挥茶的健体作用。

下午茶是最受英国人重视的。英国维多利亚时代，英国贝德芙公爵夫人安娜女士，邀请几位知心好友一起茶聚，伴随着茶与精致的点心，一起享受轻松惬意的午后时光。没想到一时之间成为当时贵族社交的前沿风尚，名媛仕女争相效仿。一直到今天，已经发展成一种优雅的下午茶文化，这也是“维多利亚下午茶”的由来。如今将近300年过去了，茶早已融入英国人的生活之中，成为生活中不可或缺的部分，下午茶从维多利亚时代被视为精致生活的象征，到如今已成为英国的文化符号之一，在英国具有神圣的地位，影响遍及欧洲大陆和所有英联邦国家。

著名作家萧乾曾在《茶在英国》一文中生动形象地描述了下午茶会：“自始至终能让场上保持着热烈融洽的气氛。茶会结束后，人人仿佛都更聪明了些，相互间似乎也变得更为透明。在茶会上，既要能表现机智风趣，又忌讳说教卖弄。茶会最能使人觉得风流倜傥，也是训练外交官的极好场地。”茶在这里俨然是以一种“礼”的形式构建了融洽的人际关系。

2015年秋天，习近平主席访问英国，在演讲中他提到：“中国的茶叶为英国人的生活增添了诸多雅趣，英国人别具匠心地将其调制成英式红茶。中英文明交流互鉴不仅丰富了各自文明成果、促进了社会进步，也为人类社会发展做出了卓越贡献。”

#### 4. 俄罗斯茶炊

据史料记载，早在元代时，中国饮茶之风就已传入俄罗斯。清代雍正五年（1727年），中俄签订互助条约，开展以恰克图为中心的陆上通商贸易。从此开始，茶就源源不断地输入俄国，使俄国饮茶之风逐渐普及开来。19世纪开始，俄国的茶俗、茶礼、茶会就出现在文学作品之中，俄国著名诗人普希金作品中就有乡间茶会的记载。进入20世纪，俄国人不但一日三餐离不开茶，而且要喝上午茶和下午茶，茶成为俄国最普及、最大众化的饮料。

俄罗斯人早先饮茶类似于我国蒙古族同胞的煮饮。随着饮茶风尚的普及，饮茶日益考究，逐渐形成了独具一格的俄罗斯式饮茶方式。俄罗斯人习惯于喝红茶，多选用铜质或银质、形似火锅，被称为“萨莫瓦尔”的一种茶炊煮茶。水煮开后，就从水龙头放水到盛有茶叶的茶壶中泡茶，等茶泡开了再注入茶杯。

俄罗斯人泡的茶特别浓，饮茶时，总先倒半杯浓茶，然后加热开水至七八分满，再在茶里加入方糖、柠檬片、蜂蜜、牛奶、果酱等，各随其便。不过，也有许多人崇尚不加任何调料的清饮红茶，认为这样饮茶，原汁原味，才能享受到茶带给人的无穷乐趣，倘若要继续泡茶，还得在茶壶中续上开水，架放在煮水桶上保温，以便续茶。俄罗斯人喝茶时，还要佐以饼干、奶渣饼、甜点和蛋糕等，俄罗斯人注重午餐，但即便是一顿丰盛的午餐，用餐后上茶时，茶点还是不能少的，特别是一种被称之为“饮茶饼干”的饼干，需随茶送上。

俄罗斯民族也有“礼仪之邦”之称。不但讲茶礼、茶仪，许多家庭也同样有客来敬茶的习惯，而且还将茶文化渗透到经济、文化和生活之中，如给小费叫“给茶钱”，去俄罗斯旅行时，列车上也会以茶奉客。

### 5. 美国冰茶

美国在历史上最早饮的是绿茶，以后又改饮红茶。近一个世纪以来，美国人的饮茶方法，讲求便捷、快速，不愿为传统的茶叶冲泡而浪费时间，因此，多喜欢饮速溶茶、袋泡茶或罐装茶水。如今，美国茶叶的消费量呈增长趋势，已仅次于咖啡，茶在美国饮料中已占居第二位。

美国冰茶

美国市场上饮的东方茶，诸如红茶、绿茶、乌龙茶、花茶等茶类品种很多，但饮的多是罐装的冷饮茶。如果家庭制作，尤其喜欢饮柠檬红茶，也有喜欢柠檬绿茶的。但美国人与中国人饮茶方法不同，不喜欢热饮或温饮，大多数美国人喜欢冷饮，喜欢饮冰茶。作为原本热饮或温饮的茶，在美国却演变成冷饮或冰饮的茶。他们认为如此饮茶，凉齿爽口，最有清凉舒爽之感。

美国人饮茶，喜欢用红茶（少数也有用绿茶的），经冲泡过滤后，将茶汤放入冰箱冷却。饮茶时，有的还须在杯中再加入冰块、方糖、柠檬、蜂蜜或甜果酒调饮，这种冰饮茶，喝起来甜而酸香，开胃爽口。此外，在美国很多餐厅中，也有以传统方法冲泡成茶饮料的。但按照美国人的习惯，不论饮何种传统茶，总要在茶中加上一些糖，这是不可缺少的。美国人也喝鸡尾茶酒，特别是在风景秀丽的夏威夷，普遍有喝鸡尾茶酒的习惯。鸡尾茶酒的制法并不复杂，即在鸡尾酒中，根据各人的需要，加入一定比例的红茶汁。鸡尾茶酒对红茶的质量要求较高，这种红茶必须是具有汤色浓艳、滋味鲜爽的高级红茶。美国人认为，用这种红茶汁泡制而成的鸡尾茶酒，味更醇，香更高，能提神，可醒脑，因而广受欢迎。

### 6. 马来西亚拉茶

马来西亚饮茶很普遍，饮茶方式、方法多种多样，人们最喜爱的是拉茶。在马来西亚，无论是首都吉隆坡，还是其他大中城市的豪华宾馆还是在偏远集镇大街小巷的茶坊内，都可饮到浓香鲜美的拉茶。其实，拉茶最早来自印度，用料与奶茶差不多，但当今却在马来西亚盛行起来。在马来西亚各地，还经常举办拉茶比赛，评出“拉茶大王”。

马来西亚拉茶，其实是一种用特殊工艺拉制而成的红奶茶。制作拉茶的方法，好似一种技艺的呈现，其制作过程让人眼花缭乱，又有美不胜收之感。通常制作拉茶时，先将具有浓香的红茶泡好，滤去茶渣，并将茶汤与炼乳混合，倒入一个带柄的不锈钢罐内，罐的容量约为1升左右。然后，左手持一只不锈钢空罐，右手持盛有红茶和炼乳的罐子，再将两个罐子分开，反复以1米左右的距离，将一个罐中的茶、乳混合液倒入另一个空罐，如此从右到左，从左到右，往而复始。在相互拉倒的过程中，使茶水与乳液达到充分混合。按当地人的习惯，这种反复交替进行拉茶的动作，至少要达到7次以上，方可调制出一杯既有茶的风味，又有奶的浓香，而且口感糯稠，香喷喷、滑溜溜、甘滋滋的拉茶。至于为何叫拉茶，这是因为奶茶汤在倒入罐子的过程中，两手持罐距离由近到远，再由远到近，好像从两手间拉出一条茶水长线，故谓之“拉茶”。

马来西亚人认为，拉茶的制作除了配料要求严格外，关键技术是“拉”。正是由于反复的拉制，才使茶和乳的混合更为充分，使之达到乳化状态，这样既能使茶与乳有机结合，又能使茶味和奶香得到充分的提升。加之拉茶在制作过程中有很强的观赏性，可谓是既好看又好喝，所以拉茶在马来西亚这样一个多元的种族社会里，不论是华人，还是马来人、印度人、欧洲人，大家都非常喜欢这种充满着南洋风情的拉茶。

拉茶在马来西亚的一些近邻国家，以及巴基斯坦、印度等国，也时有所见。其实以马来西亚为代表的东南亚，受中华文化影响颇深，又曾经是西方的殖民地，所以在这里，除了南亚风格的拉茶外，你还能见到充满东方情调的清饮茶，以及具有西欧风情的牛奶红茶。

无论是日本茶道、韩国茶礼，还是英国下午茶、俄罗斯茶炊、美国冰茶、马来西亚拉茶，都是中国茶及茶文化对全世界影响的缩影。尽管不同地区的茶礼仪形态万千，但其文化本质和内涵是不变的。一百多年前，英国作家托马斯·德·昆西就说过，茶是一种“有魔力的水”。一个民族的总体饮品对于社会性格是否存在明显影响，目前尚无定论。但艾伦·麦克法兰在《绿色黄金：茶叶的故事》中写道：“猜测这个影响对国民性格产生的效应是非常有趣的，英国人由具侵略性、好战、爱吃肉、喝啤酒的个性，变得比较温和、不善变，改变一个国家国饮所带来的影响和冲击已经在日本和中国这两个大量喝茶的文明中得道解释和印证。”这正说明随着英国人饮茶风气的形成，整个国民性格都在改变。

如今，茶对于地缘经济和政治的影响已不像往日那样能够掀起巨浪，它回归本源，化为温柔的潜流，无声地滋润着东西方人的味蕾与肠胃，让世界每一个角落都能享受一杯茶带来的美妙时光。

# 六、知异同，透过茶艺学茶道

“道”是无形的，看不到、摸不着的，是形而上的，自然存在的道理，而“艺”则是有形的、表现于外的，是有形的器物、制度等，是形而下的。因此对比二者在茶事活动中的表现形式，能表现出来的是艺，只有艺才能真正表演，道是无法表演的。茶道是以修行得道为宗旨的饮茶艺术，包含茶艺、礼法、环境、修行四大要素。茶艺是茶道的基础，是茶道的必要条件。茶艺可以独立于茶道而存在。茶道以茶艺为载体，依存于茶艺。茶艺的重点在于“艺”，重在习茶艺术以获得审美享受。茶道的重点在于“道”，旨在通过茶艺修心养性，参悟大道。即茶艺的内涵小于茶道。茶道的内涵包容茶艺。但茶艺的外延大于茶道，其外延介于茶道与茶文化之间。

## （一）茶道与茶艺之异同

茶道与茶艺有关联、有交叉又有区别。茶艺是茶道的具体形式，茶道是茶艺的精神内涵，茶艺是有形的行为，而茶道是无形的意识。正因为有了茶艺和茶道的存在，饮茶活动的目的才具有了更高的层次，人们才可以在最普通的日常喝茶中培养自己良好的行为规范以及与他人和谐相处的技能。

茶艺与茶道二者相辅相成，又相互独立。

从某种意义上来说，品茶活动已经变成了茶道活动的同义词了。虽然在某种程度上我们无法使其界限十分分明，但两个文化概念却有着各自清晰的侧重，不能混淆。

#### 1. 艺与道层次不同

茶艺讲究茶、水、茶具的品质以及品茶环境等。若能找到茶中佳品、优质的茶具或是清雅的品茶之地，茶艺就会发挥得尽善尽美，我们也将在满足自己的解渴提神等生理需要的同时，使自己的心理需求得到满足。也就是说，相对于喝茶本身而言，外在物质对茶艺的影响更大一些。

当品茶到达一定境界之后，我们将不再满足于感官上的愉悦和心理上的愉悦了，茶艺在这一刻需要提升一个层次，这就到茶道的层面了。这时，我们关注的重点也发生了变化，从对于外在物质的重视转移到通过品茶探究人生奥妙的思想理念上来。品茶活动也不再只重视茶品的资源、泡茶的水、茶具及品茶的环境选择，而将通过对茶汤甘、香、滑、重的鉴别来将自己对于天地万物的认知与了解融会贯通。

#### 2. 二者底蕴的不同

茶道和茶艺之所以不能等同，其原因还在于茶道自问世至今已近形成了前后传承的完整脉络、思想体系，甚至完备的形式与内容。而茶艺却是20世纪末形成的关于专门冲泡技艺的范式。虽然茶艺的流传促进了茶事活动的发展，但是从概念上来讲，仍不能被称作为“道”。

### （二）学茶，以道为核心，艺为半径

道是茶文化的核心，是技艺、礼法运作发动的起点，也是技艺、礼法运作的终极目标。艺术里一定有道，没有道就不能成为艺术，艺道学，是艺术的最高境界。茶道犹如人生之道，是茶文化的核心，是茶艺的灵魂和指导思想，是华夏先祖以茶为物质媒体，在长期的茶事实践中，融入民族传统文化的精髓所形成的以饮茶为载体的综合文化体系。

“以茶道为圆心，茶艺为半径，画一个圆，即茶文化。”圆心是生命的定位、

是生命的立足点，有立足点才能决定方向，才能选择目标。有了方向、目标，才能创造生命的价值，这才是人生之道。学茶艺的目的，就是为了追求人生之道。

## （三）学习泡茶，渐入茶道

中国茶道不仅是深沉的，而且是永远的、艺术的、美学的。中国茶道是和一脉相承的中国历史一起走来的，从炎黄联盟至春秋战国，从百家争鸣至秦皇汉武，从魏晋南北朝至唐宋元明清，一以贯之的民族历史，深邃的道、儒、佛等教派思想，都深深地融汇在茶文化当中，成为中国茶文化最基本的思想文化精粹和美学哲学基础，使中国茶道美学已不仅是生活美学，而且是意蕴深远的水墨画，是激越典丽的唐诗宋词，是天人合一的道家修行，是参禅顿悟的佛门要义，是宏阔深刻的艺术美学和哲学美学。

因此学习茶道，需要从多方面提升自己，并在此过程中，完成对自我的完善。

茶师整理茶具

### 1. 从学习泡好一壶茶入手

对茶道的学习无疑要从泡茶技术的练熟开始。只有在对茶具的功能、茶叶种类与特性都有了充分的了解后，才能随时随地泡好一壶茶。而“泡好茶”也正是茶道的中心。

### 2. 学习和积累传统文化艺术素养

作为中国茶道的研习者，应对传统文化艺术尤其是传统美学要有一定了解，应不断学习传统书画、音乐、诗词艺术等，在学习欣赏的过程中不断提高艺术修养，艺术修养提高了，茶道水平自然会不断增进与提高。在知识和经验层面以外，最为重要的还是要做到“真诚”，有“真诚”就容易泡出一壶好茶。有“真诚”才会对万物产生真挚的情感，将腐朽变作神奇。如果将学习茶道的过程比作学习绘画，那么“饮茶”好比参观接触，“品茗”好比学习欣赏，“茶艺”好比临摹，“茶道”就是创作。

### 3. 学习茶具装置艺术

我们除了要学习茶道中高雅精致别具韵味的行茶动作外，学习“茶具装置艺术”也是提高茶道艺术水平的好方法。茶具装置艺术是以方便泡饮为原则，在色彩、造型、空间方面等渗入了美学元素，使之升华为充满美感的艺术作品。

### 4. 全情投入，注重感悟

“茶道”应以“茶”为中心，以“无心”为要求，以“敬”为宗旨，通过色、声、香、味、触、法，达至眼、耳、鼻、舌、身、意的最佳感受，从物质享受达至精神享受的提升乃至顿悟。茶艺、茶道中只有茶才是主角，其他一切都是为茶而设，司茶者要排除一切杂念进入“忘我”境界，超脱自然享受泡茶之乐。初习茶道者，最好尝试在宁静的户外进行，多留意大自然一草一木、一水一石的美态，对万物生情，当你感到无忧无虑、全情投入的一刻，就是茶道最美的时候了！“艺”是学回来的，而“道”是要“悟”出来的。“浓茶品出淡味，执迷得悟，红尘出入自如。”这亦是茶道的最高境界。

# 第4章
# 拆解——茶艺丰富之内蕴

# 一、茶艺涵括的内容

总体而言，茶艺有广义和狭义之分。广义的茶艺是指一切研究与茶叶相关的学问；而狭义的茶艺则是具体指冲泡出一壶好茶的技巧及享用一杯好茶的艺术。茶艺是中华民族的瑰宝。发展至现代经历了几起几落，而它生命力十分旺盛的原因，正是因其以中华民族五千年的历史文化为积淀，具有丰富的文化内涵。因而茶艺既是古老的，也是现代的，更是未来的。当今，随着人们物质和精神生活的不断丰富，人们对茶艺的需求也愈发增长，认识也愈发深刻。在茶艺这门艺术中，有太多中华传统文化知识可以得到发掘与发展了。

我国幅员辽阔，民族众多，饮茶历史悠久。各时期、各地区、各民族有关饮茶的风俗风格各异，多姿多彩、美不胜收，因而出现了众多的茶艺形式，我们也可据此茶艺进行一个大致分类。

## （一）茶艺的分类

### 1. 以人为主体的划分

根据参与茶事活动的人的不同身份，可分为宫廷茶艺、文士茶艺、民俗茶艺和宗教茶艺。

**①宫廷茶艺**

宫廷茶艺是我国古代帝王为敬神祭祖或宴赐臣属而举行的茶艺。宫中帝王清饮、斗茶、清明盛宴、祭祖祭神、王公婚嫁、殿试赐茶、接待外国使节等都有十分讲究的茶礼程序。唐代的清明茶宴、唐德宗时期的东亭茶宴、宋徽宗赐茶，以及清代的千叟茶宴、三清茶宴等都是十分著名的宫廷茶艺形式。

**②文士茶艺**

我国古代文人雅士饮茶之风盛行。文士茶艺正是在历代文人品茗斗茶的基础上发展起来的。文人的茶事活动格调高雅，常与清谈、观花、赏月、抚琴、吟诗、泼墨、鉴玩字画等活动相结合，注重意境，茶具精巧典雅，文化内涵厚重。如唐代吕温写的三月三茶宴、颜真卿等名士的月下啜茶联句、白居易写的湖州茶山境会，以及宋代文人在斗茶活动中所用的点茶法、油茶法等都是十分著名的文士茶艺。

**③民俗茶艺**

自古以来我国民族众多，各民族之间始终相依共存、相互影响。各民族对茶都有着共同的爱好。但依生活环境、生活习惯等的不同，各民族、各地饮茶的方式也不尽相同，不同地区的人们历经长期的茶事实践，逐渐创造出各自具有独特韵味的民俗茶艺。民俗茶艺具有表现形式多姿多彩、清饮调饮不拘一格、民族风情浓郁、特色鲜明等显著特点。如藏族的酥油茶、蒙古族的奶茶、南疆维吾尔族的香茶、北疆维吾尔族的咸奶茶、白族的三道茶、土家族的擂茶、彝族的百抖茶、傣族的竹筒香茶、回族的罐罐茶、佤族的苦茶、苗族的油茶等。

④宗教茶艺

佛教自传入我国，便与茶结下了千丝万缕的联系。当代佛学大师赵朴初曾在《吃茶去》中提到“七碗受至味，一壶得真趣。空持百千偈，不如吃茶去。”的诗句。而道教同样与茶结缘甚深。自古以来，道教名士多钟情于茶，为茶著书立说，以茶招待来客，将饮茶作为养生之道。僧人道士们以茶礼佛、以茶参禅、以茶祭神、以茶助道、以茶待客、以茶修身、以茶养性，形成了多种茶艺形式，如禅茶茶艺、太极茶艺、道家神仙茶艺等。宗教茶艺的特点是：礼仪周全，气氛庄严肃穆，茶具古朴典雅，强调修身养性或以茶释道。

### 2. 以茶为主体的划分

根据茶类来划分茶艺类别，有绿茶茶艺、红茶茶艺、乌龙茶茶艺、黄茶茶艺、白茶茶艺、黑茶茶艺、普洱茶茶艺、花茶茶艺等。茶品不同，其品质特征不同，泡茶时茶具的选择不同，泡茶程序、水温、浸润时间等要素也各不相同。

以茶养性，以茶修身

### 3. 以表现形式为主体的划分

根据茶艺的表现形式可分为表演型茶艺、待客型茶艺和营销型茶艺。

①表演型茶艺

表演型茶艺亦包含技艺表演型茶艺和艺术表演型茶艺两种。技艺表演型茶艺主要是向观众展示高难度的茶叶冲泡技艺。如四川茶馆的盖碗茶掺茶绝技表演。而艺术表演型茶艺是由一个或几个茶艺师在舞台上演示艺茶技巧，众多的观众在台下欣赏。因此从严格意义上说，这种舞台式的表演称不上完整的茶艺，只能称为茶舞、茶技或泡茶技能的演示。

**②生活型茶艺（待客型茶艺）**

生活型茶艺常由一个主人与几位宾客好友围桌而坐，一同赏茶、鉴水、闻香、品茗，或是一个人静静地品饮。在场的每一个人都是参与者，都能在茶事活动中领略到茶的色、香、味、韵。在自由的情感交流中敞开心扉、切磋茶艺、参悟茶道，从而获得身心的双重享受。

**③经营型茶艺**

经营性茶艺主要用于茶叶企业、商家推广销售茶叶产品的活动，或是经营性茶馆、餐厅及其他营业性场所举行的茶艺。

## （二）茶艺涵盖的主要内容

茶艺的概念决定了茶艺所包含的元素非常丰富。每一项内容都是为了更好地完成茶艺品茗的过程，而这一过程也体现了形式和精神的相互统一。通过选茗、择水、烹茶技术、茶具艺术、环境布置等一系列活动，方能完美地展现中华茶艺带给人们的美好意境。

学习茶艺，首先要了解和掌握茶叶的分类，主要名茶的品质特点、制作工艺，以及茶叶的鉴别、贮藏、选购等内容。而这也正是学习茶艺的知识基础。

### 1. 宜品之茶

茶是茶艺的核心与灵魂，我国茶类丰富，仅基本茶类就有绿茶、红茶、黄茶、白茶、青茶、黑茶等几大类。每类茶都被赋予了不同的品性特征。下面就从茗名、茗形、茗泽、茗香来探一探不同的茗茶之美。

**①茗名之唯美**

中国茶叶色、香、味、形都很美，当然名字之唯美值得一探。

第一类是以形状、色泽等，引发茶人美好的联想而命名。如仙人掌、寿眉、金佛、翠螺、佛手、奇兰、龙须茶、白牡丹、素心兰、迎春柳、兰贵人、竹叶青等。

第二类是地名加茶树的品种名如闽北水仙、武夷肉桂、安溪铁观音、永春佛手、西湖龙井等。这类茶名我们一看即可了解该茶的产地及品种，也就可以初步了解其品质特点。

第三类是地名加上富有想象力的名称。如舒城兰花、庐山云雾、青城雪芽、敬亭绿雪、南京雨花、恩施玉露、南糯白毫等。

第四类是地名加茶叶的形状特征，这类命名让人一看即可了解该茶的产地和形态特征。如六安瓜片、黄山毛峰、平水珠茶、高桥银峰、信阳毛尖，君山银针等。

第五类是有着美妙动人的传说或典故。如大红袍、白鸡冠、水金龟、铁罗汉、绿牡丹、文君嫩绿、碧螺春等。

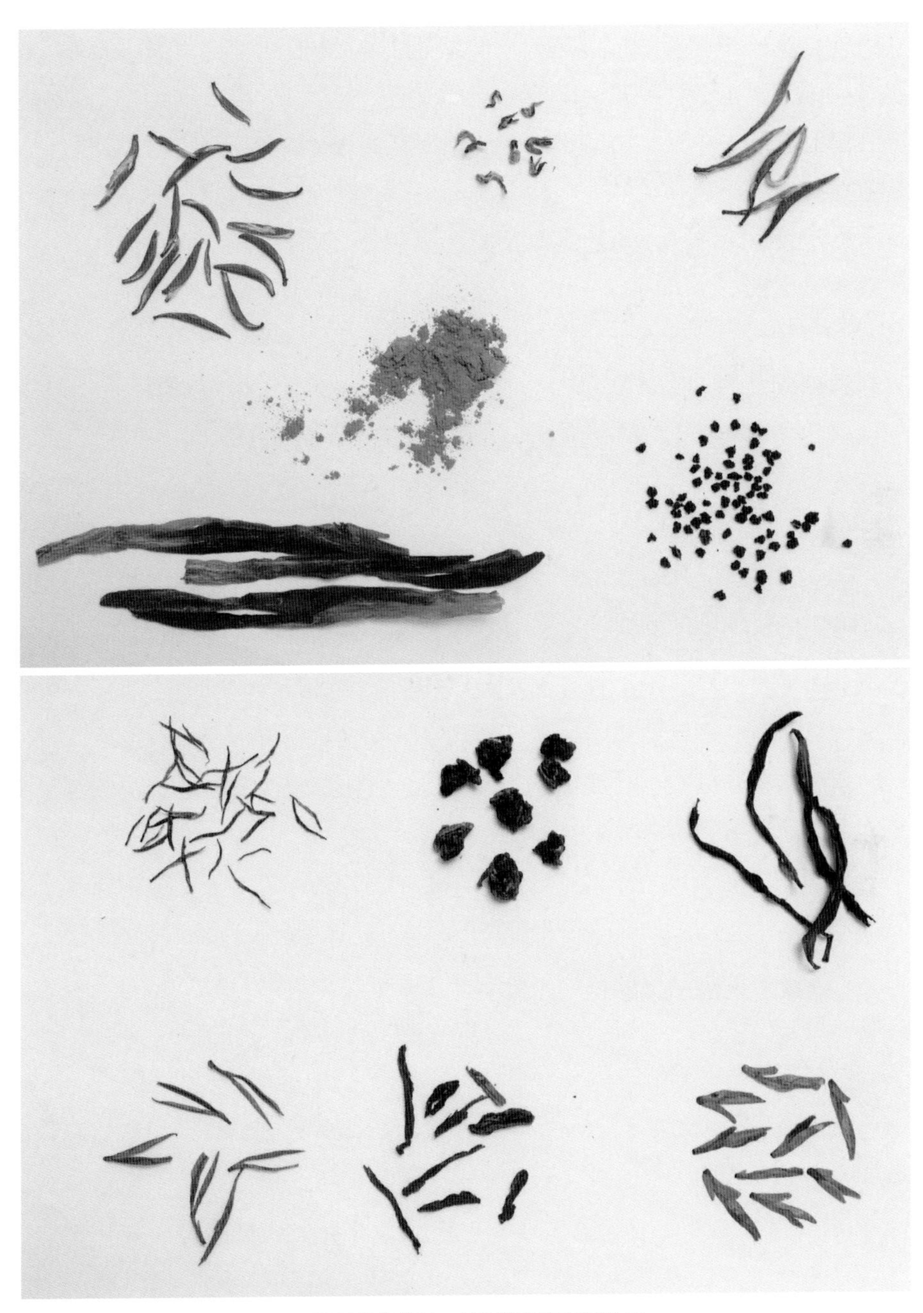

不同形状的茶叶，其名称多来自其外观

②茗形之异美

我国茶类丰富，有六大基本茶类和各种再加工茶类，因而干茶外观形状千差万别。其中散茶有针形，雀舌形、尖条形、花朵形、扁形、卷曲形、圆珠形、环钩形、颗粒形等。而紧压茶有砖形、枕形、碗形、圆形、柱形等。

③茗泽之色美

色之美包括干茶的茶色、茶汤的汤色和叶底的颜色。不同的茶类应依据不同的干茶色泽、不同的汤色标准和不同的叶底色泽进行品评。但不论何种茶，其色泽均以鲜亮、润泽为好，色泽枯、暗者多为陈茶或品质不佳之茶。在茶艺表演过程中，尤其重视鉴赏茶的汤色之美。唐代诗人李郢写道："金饼拍成和雨露，玉尘煎出照烟霞。"苏东坡在《西江月》中亦有描写："汤发云腴酽白，盏浮花乳轻圆。"

④茗香之气美

茶的香气多种多样，有的甜香馥郁，有的清香淡雅，有的花香仙灵，有的果香持久，有的沉香迷人，而且茶的香气会随温度的变化而变化，缥缈不定。唐代诗人李德裕描写茶香为："松花飘鼎泛，兰气入瓯轻。"自古以来越是捉摸不定的美，越能打动人心。成品茶叶的香型可分为毫香，清香、嫩香、花香，果香、甜香、火香、陈醇香、松烟香等。

### 2. 宜茶之水

中国人历来非常讲究泡茶用水。"水为茶之母"——水的品质对茶的香气、滋味起着十分重要的作用。陆羽在《茶经》中说："其水，用山水上，江水中，井水下，其山水拣乳泉，石池漫流者上。"明代茶人张源在《茶录》中说："茶者，水之神也；水者，茶之体也。非精茶曷窥其体。""龙井茶，跑虎水"，被誉为杭州的双绝，可见名茶必须配好水，才能相得益彰。最早提出水之美的标准的是宋徽宗赵佶，他在《大观茶论》中写道："水以清、轻、甘、洁为美。"现代茶人认为"轻、清、甘、洌、活"为宜茶之水的标准。

#### （1）宜茶之水的5项指标

①水质要清

水清则无杂、无色、透明、无沉淀物，能显出茶的本色。故清明不淆之水亦被称为"宜茶灵水"，泡出的茶汤清澈明亮。

②水体要轻

古代茶人以一个容器去称量各地名泉的比重，并以水的轻重，评出名泉的次第。乾隆皇帝曾评出北京玉泉山的玉泉水比重最轻，故而御封为"天下第一泉"。而现代科学研究也证明了这一理论是正确的。水的比重越大，说明水中溶解的矿物质越多，容易影响茶中内含物的溶出，导致茶汤变味、变色，香气不正。而水质越纯净，茶中内含物溶出越多，茶味也越好，所以水以轻为美。

**③水味要甘**

田艺蘅在《煮泉小品》中写道：“甘，美也；香，芳也”。“味美者曰甘泉，气氛者曰香泉。”“泉惟甘香，故能养人。”“凡水泉不甘，能损茶味”。所谓水甘，即水一入口，舌尖顷刻便会有甜滋滋的美妙感觉。咽下去后，喉中也有甜爽的回味，用这样的水泡茶自然会使茶汤滋味更加甘甜。

虎跑泉

④水温要洌

洌有两层意思，一是水洁净清澈，二是指水寒。《周易·井》："九五：井洌寒泉食。"明代茶人认为："泉不难于清，而难于寒。""洌则茶味独全"。因为寒洌之水多出于地层深处的泉脉之中，流淌于深山沟谷，所受污染少，水味甘甜，泡出的茶汤滋味纯正。

⑤水源要活

现代科学证明了活水有自然净化作用。"流水不腐，户枢不蠹"。在流动的活水中细菌不易繁殖，泡出的茶汤特别鲜爽可口。

#### （2）泡茶用水的选择

从泡茶的角度来说，影响茶汤品质的主要因素是水的硬度。每千克水中钙、镁离子的含量超过8毫克的水称为硬水，反之则称为软水。水的硬度影响茶叶中有效成分的溶解，软水中含其他溶质少，茶叶中有效成分的溶解度就高，口味较浓，而硬水中的有效成分溶解度低。所以，泡茶用水要选择软水。

#### （3）泡茶用水的处理方法

在没有适宜的泡茶用水时，可对水进行一定的处理，从而得到适宜泡茶的水。常用的水处理方法有过滤法、澄清法、煮沸法。

### 3. 宜茶之具

在茶艺活动过程中，泡茶、品茶的感受与器具选择是否得当密切相关，自古便有"良具益茶，恶器损味"的说法。茶器具的选配、使用是茶艺的重要构成部分。历代茶人对茶器特别是对直接泡茶品茶的主要器具提出了许多要求和规定，归纳起来主要有5个方面的要求：一要有一定的保温性，二要有助于茶香发育，三要有助于茶汤滋味醇厚，四要方便茶艺表演过程的操作和观赏，五要具有工艺特色，可供把玩欣赏。这些要求充分说明了在饮茶这一物质消费过程中，茶器具作为物质形具，在进入"茶艺""茶道艺术"这一概念和实际时，已远远跨出了"饮茶"这一生理行为的疆界，成为一种生活艺术、一种融入民族精神的文化。

#### （1）茶器具的分类

①备水器具

凡为泡茶而储水、烧水，即与清水（泡茶用水）接触的用具即为备水器具。目前常用的备水器主要有储水缸、净水器、煮水器和开水壶等数种。

②泡茶器具

凡在茶事活动过程中与茶叶、茶汤直接接触的器物，均列为泡茶器具。它包括以下几类：

泡茶容器——如茶壶、茶田杯、盖碗、冲泡盅（即飘逸杯）等，专用于冲泡茶叶。

储水、净水缸

茶壶

茶杯

盖碗

泡茶器具组合

铁壶

冲泡盅

冲泡盅

茶荷、茶碟——用来放置已量定的备泡茶叶，同时方便观赏茶叶。

各种材质的茶荷、茶碟

茶则——用来舀取茶叶，衡量茶叶用量，确保投茶量准确。

各种材质的茶则

茶叶罐——用来贮放泡茶需用的茶叶。

茶匙——拨取茶叶，兼有置茶入壶的功能。

瓷质茶叶罐

茶叶罐

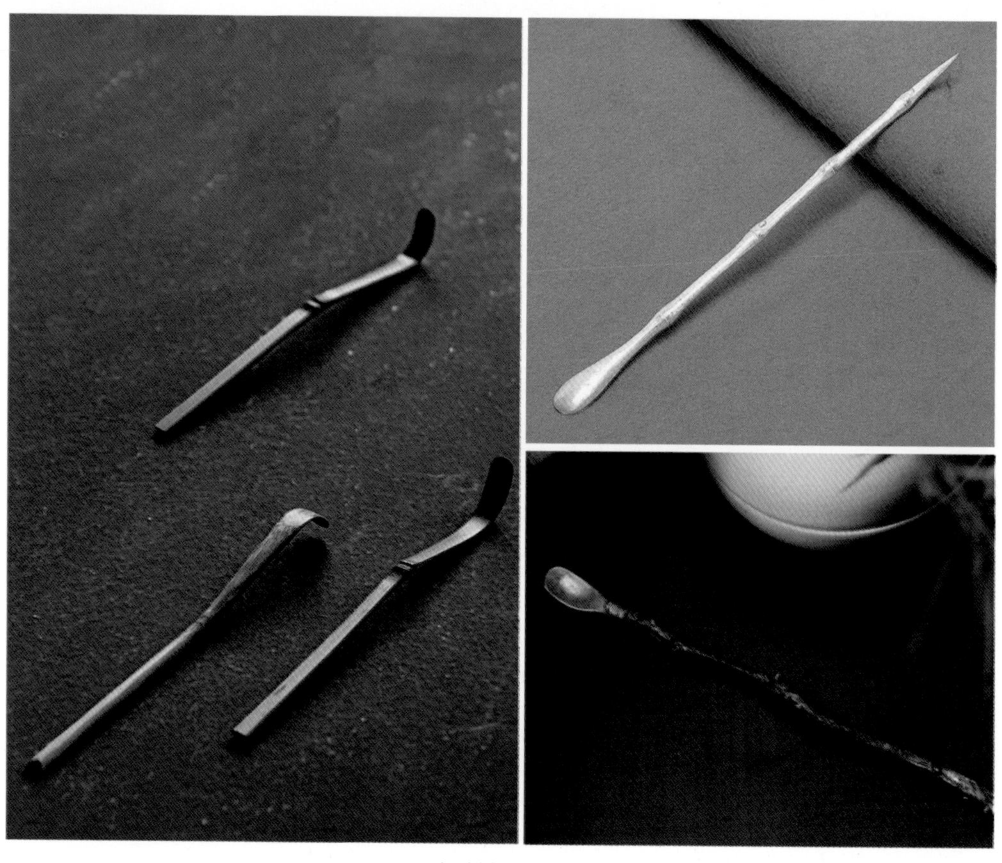

各种材质茶匙

### ③品茶器具

盛放茶汤并方便品饮的用具，均可列入品茶器具。

公杯（公道杯、茶盅）——贮放茶汤，并有均匀茶汤的作用。

陶质、玻璃公杯

品茗杯——品饮茶汤的杯子。

闻香杯——用以嗅闻茶汤在杯底的留香。

品茗杯

品茗杯

闻香杯

### ④辅助用具

辅助用具是指方便煮水、备茶、泡饮过程及清洁用的器具。主要有：

茶针——清理茶壶嘴堵塞时用。

茶斗——方便将茶叶放入小壶。

壶盘（壶承）——放置冲茶用的开水壶。

壶承

各种壶承

奉茶盘——盛放茶杯、茶碗、茶宠、茶食等。

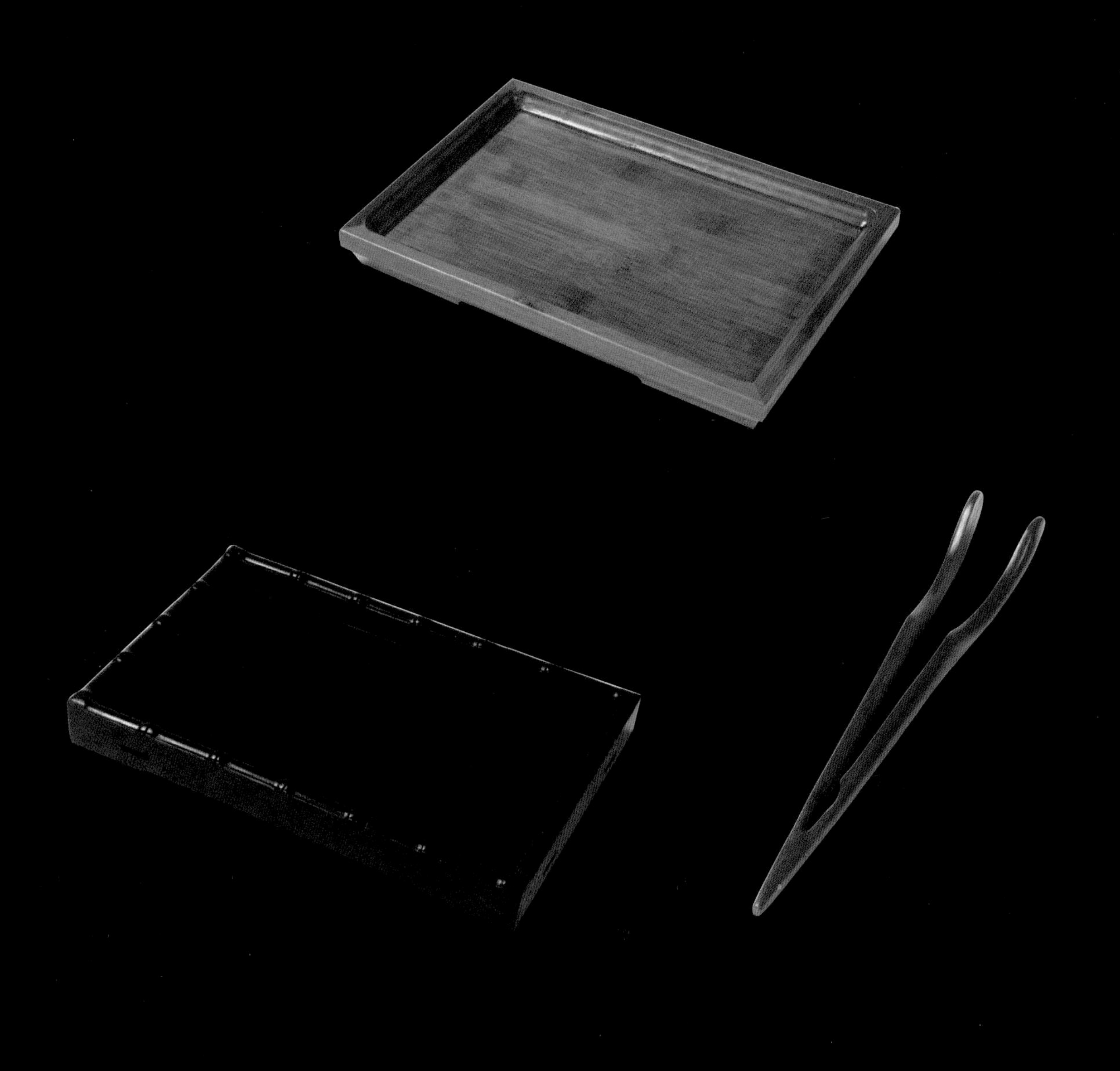

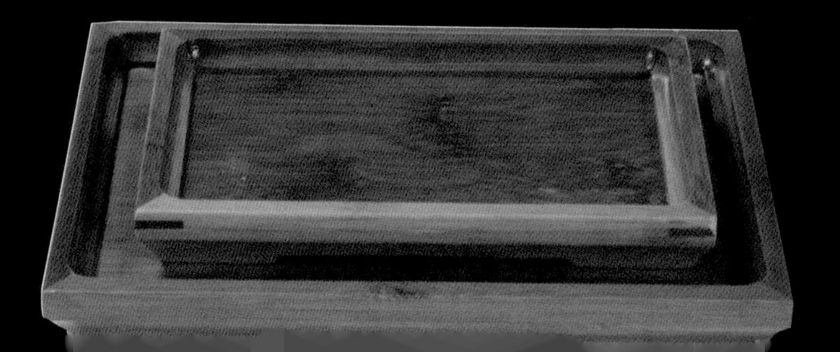

茶盘——是摆置茶具、用以泡茶的基座。

茶夹——洗品茗杯、闻香杯时夹取杯子用。

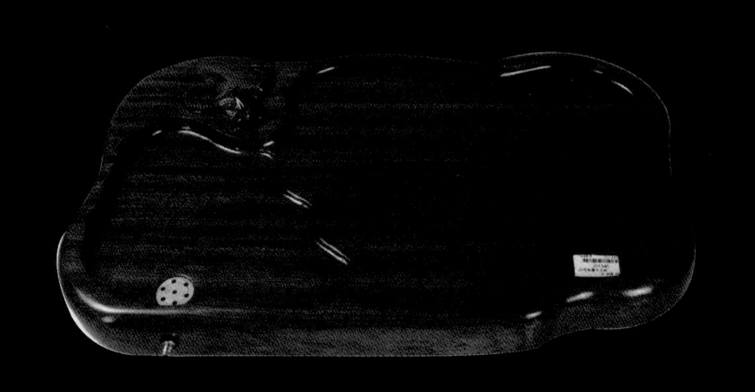

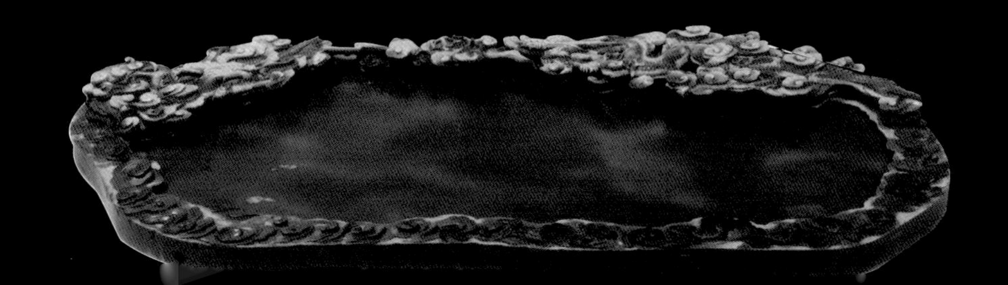

水盂（水方）——盛放弃水、茶渣等物的器皿。

水盂

各种水盂

汤滤——过滤茶渣。

承托——放置汤滤。

茶拂——用以刷除茶荷上所沾茶末等用。

茶刀——用以松解紧压茶。

箸匙筒——插放茶则、茶匙、茶夹、茶针等。

茶食盘——置放茶点、茶果、茶食的用具。

茶叉——取茶食用之器。

茶道具组

### （2）茶器具的选购要点

茶器具的独特魅力同样是茶艺之美的构成要素。一套好的茶器具，不仅要便于实现其使用价值，在艺术设计层面同样要有对其艺术特性的强烈追求，以增添书卷气息和观赏性，满足人们对把玩的需要。

### （3）茶器具的选用与组合

对茶具组合的选择同样是茶艺中对美的创造。优秀的茶艺师可以根据不同茶叶的特性，选择不同的茶具进行搭配组合，创作出令人赞叹不已的艺术作品。

**①茶具的选用要与所冲泡的茶叶相适应**

茶叶根据种类不同，需选用适当的冲泡器具。例如，冲泡乌龙茶一般要用紫砂壶或盖碗；冲泡花茶，宜用有盖的瓷杯或盖碗，或用瓷壶冲泡后斟入瓷杯中饮用；龙井茶在玻璃杯的温水中吐出它的芬芳的同时，还能看见白水渐渐地现出生命的绿色，这会使人想到凤凰涅槃，感到杯子中茶芽的生命在复苏；普通红茶则宜用瓷壶或紫砂壶来冲泡，然后将茶汤倒入白瓷杯中饮用。

**②茶具的搭配组合要协调**

茶具的搭配协调亦十分重要，如外形、质地、色泽等。在造型、体积上要做到大小配合得体，错落有致，风格一致，力戒杂乱无序，各种茶具在材质上应相互照应。

### 4. 宜茶之境

中国人把饮茶看作是一种艺术，强调情景交融。中国茶艺要求环境清幽、意境高雅、人境和静、心境闲适。“境”作为中国古典美学范畴，历来受到中国茶人的高度重视，因此，中国茶艺特别注重茶境的营造。

#### （1）环境

所谓环境，即从事茶艺活动的场所，它包括外部环境和内部环境两个方面。品茗的外部环境讲究林泉逸趣、野幽清寂、自然天成。比如“山泉潺潺，青烟袅袅，白云悠悠”的野幽情趣，“竹影婆娑，蝉鸣声声，夕阳西斜”的清寂环境。明代徐谓在《煎茶七类》中所记的品茶场所，“凉台静室，明窗曲几，僧寮道院，松风竹月，晏坐行吟，清谈把卷”——这才是理想的品茗佳境。

茶室是难得的清净之所。品茗的内部环境要求窗明几净，装修简素，格调高雅，气氛温馨，使人有亲切感和舒适感，因此，品茗的厅堂陈设通常讲究古朴、雅致、简洁，气氛悠闲，富于文化气息。在茶室中适当点缀绿色植物，可使茶室显得更加幽静典雅、情趣盎然，营造出赏心悦目、舒适整洁的品茗环境。

#### （2）艺境

“茶通六艺”，在品茶时讲究“六艺助茶”。六艺是指琴、棋、书、画、诗和金石古玩的收藏与鉴赏。在茶艺活动过程中，音乐和字画是不可或缺的元素。

茶席与茶室环境雅致、舒适

**①音乐**

在我国古代士大夫修身的四课——琴、棋、书、画中，琴摆在第一位。“琴”代表音乐，儒家认为，修习音乐可以培养自己的情操，提高自身的修养。《礼记·乐记》中说：“德者，性之端也，乐者，德之华也。”把“乐”上升到“德之华”的高度去认识，足见音乐在古代君子修身养性过程中的重要性。在茶艺过程中，非常重视用音乐来营造意境，常用的背景音乐有古琴乐曲、古筝乐曲、琵琶乐曲、二胡乐曲、小提琴乐曲、江南丝竹、广东音乐、轻音乐等。亦可根据茶艺的主题、季节、天气、时辰以及客人的身份等有针对性地选择播放。主要有幽婉深邃，韵味悠长的古典名曲，近代作曲家专门为品茶谱写的音乐，以及精心录制的大自然之声等。此外，宗教茶艺可选择宗教音乐，民族茶艺可选择本民族的音乐。

**②挂画**

挂画早在《茶经》中就已有具体说明。在浓郁的茶香中，让客人静静地欣赏一幅幅怡情悦目的名家字画，可以获得一种超凡脱俗的精神享受，增强品茗环境的文化氛围。悬挂的字画内容可以是人物、山水、花鸟或诗词、对联等，以清新淡雅为宜，悬挂时要位置恰当、大小相宜，以一幅为宜，悬挂位置以茶室正位为佳。

**③茶花**

自宋代以来，便有在茶室中插花装饰的习惯。宋代亦有焚香、挂画、插花、点茶之“生活四艺”的说法。茶室插花又称“茶室之花”或“茶会之花”，而品茗赏花的插花也称为“茶花”。

**花器**

茶室插花的花器常见多为瓶、碗、盘、罐、筒、杯、篮等。花器宜小而精巧、淳朴，以衬托品茗环境，表达主人心情，亦可寓意季节，突出茶会主题，增进茶趣。

**花材**

插花的花材很多，包括花、叶、果实、枝、蔓、草。在自然界中，种类众多，山野之间、田头屋角，随处可得，也可在花店购买。

茶室插花在花材选择上要注意以下几点：

第一、不宜选用香气过浓的花，以防花香冲淡焚香的香气或者花香混淆茶特有的香气。

第二、不宜选择色泽过艳过红的花，以防破坏整个茶室静雅的艺术气氛，花色应以素白或淡雅为主。

第三、不宜选用已盛开的花或开始凋零的花，以含苞待放或半开之花为宜，这

样可使茶人在茶艺过程中观赏花的变化，感受一种动态的美，领悟人生哲理。

**插花**

茶室插花多依单纯、简约、朴实之意。一般采用自由式（东方式）插花，基本构图采用不对称的自然式构图。茶室插花属于静态观赏品，形体宜小，花枝利落不繁，一花一叶不为少，取半开之花更突显其灵动之感。

**摆放**

茶室插花多摆放于低处，即重视饮茶坐赏。而也可按茶室设计选配台座、衬板、花几等配件，摆放位置多以左前方（即主人的右后方），距主人约一臂之距为宜。

**④焚香**

我国自战国起便有焚香的记载，而汉代已有焚香专用的炉具。依香气的散发方式可分为燃烧香品、熏炙香品、自然散发香品3种。燃烧的香品有以香草、沉香木做成的香丸、线香、盘香、环香、香粉等；熏炙的香品有龙脑等树脂性的香品；自然散发的香品有香油、香花等。

选择香品香具应注意以下几点：

配合茶叶选择香品。浓香的茶需要焚较重的香品，幽香的茶要焚较淡的香品。

配合时空选择香品。春天、冬天焚较重的香品，夏秋焚较淡的香品。空间大焚较重的香品，空间小焚较淡的香品。

茶器组合

选择香具，品茗焚香的香具以香炉为最佳选择，香炉的材质、造型、色彩等要与茶的种类、茶艺活动的主题相配合。

品茗焚香多用有香烟的香品和与之对应的香具。品茗过程中，欣赏袅袅飘散的香烟和香烟所带来的气氛也是一种幽思和美的享受。焚香时，注意香的摆放位置。花下不可焚香，香案要高于花，插花和焚香要尽可能保持较远的距离。

## 二、行茶之艺

行茶，是指茶叶的冲泡与品饮等表现形式。

茶艺中最关键的环节毋庸置疑便是茶叶冲泡与品饮的行茶阶段。而冲泡的技艺是能否激发茶叶本身最佳品质的关键所在。

### 1. 行茶三阶段

#### （1）准备阶段

是在泡茶前做准备工作的阶段，其具体内容根据宾客数量、茶叶类别、茶器具选择、品茶环境的不同而各有差异，但都要保证能够顺利接待宾客。

#### （2）操作阶段

即冲泡和品饮的阶段。根据不同茶类、不同茶品的品质特点，科学编排程序，有次序、有步骤地进行茶叶冲泡，并礼貌地奉茶给宾客，让客人品鉴。

#### （3）完成阶段

品茶结束后，泡茶者要做好器皿、环境的清理。

### 2. 行茶程序

根据茶叶的不同，对器具和方法的选择也会有所区别，但其程序是类似的。一般茶叶的冲泡主要包含以下程序：

**①备具**

根据即将冲泡的茶叶和品茶人数，将相应的茶具配置好，并按冲泡时方便顺手和合乎礼仪、具有美感、便于客人观赏的原则布局摆放在茶桌上。

**②煮水**

将备好的适宜泡茶的水煮开。

③备茶

用茶则从茶叶罐中舀取或用茶匙拨取适量茶叶放在茶荷中备用。如果选用的是外形美观的名优茶，可让品茗者先欣赏茶叶的外形，闻干茶香。如不需要赏茶，也可从茶叶罐中直接取茶投入杯中或壶中。

④温壶（杯）

用开水注入茶壶、茶杯（盏）中，以提高茶壶、杯盏的温度，同时使茶具得到再次清洁。

⑤置茶

用茶匙将茶荷中待冲泡的茶叶置入茶壶或茶杯（盏）中。

⑥冲泡

将温度适宜的开水注入壶或杯中。冲泡茶叶需高提水壶，水自高点下注，使茶叶在壶内翻滚，散开，以便充分泡出茶香，俗称“高冲”。泡好的茶汤即可倒入茶盅，此时茶壶壶嘴与茶盅之距离，以低为佳，以免茶汤香气散发，俗称“低泡”。

⑦奉茶

将盛有茶汤的茶杯奉到品茶人面前，一般应双手奉茶，以示敬意。

⑧闻香

品茶之前，需先观其色，闻其香，再品其味。

**⑨品茶**

“品”字三个口，一杯茶需分三口品尝，且在品茶之前，目光需注视泡茶师一至两秒，稍带微笑，以示感谢。

**⑩收具**

泡茶活动结束后，泡茶人应将茶杯收回，将茶壶或茶杯中的茶渣倒出，将所有茶具清洁后归位。

茶文化是中华五千年历史的瑰宝，如今茶文化更是风靡全世界。人们喜爱的不仅仅是茶这种有益健康的饮品，更有对品茶带来的艺术享受的痴迷。茶艺涵盖的内容丰富多彩，而我们中国人品茶讲究察色、闻香、观形和细品。“选茶、择水、备器、雅室、冲泡、品尝”这些茶艺的环节，既包含着我国古代朴素的辩证唯物主义思想，又包含了人们主观的审美情趣和精神寄托。总之，中国茶艺包含着独特的东方美学、东方哲学，是形式和精神的完美结合。

# 三、“艺”与“道”的异与同

### 1. 茶文化中的艺与道

近年来，随着国家的日益富强，人民群众的生活水平不断提升，人们对精神生活方面的需求日益增强，中华茶艺就此在神州大地上迅速复苏。而随着茶艺的复兴，单纯物质层面的饮茶已不能满足人们心灵上的需要，人们在精进了泡茶技艺以后，开始探索茶道美学以及茶道精神。茶艺也逐渐演变成从物质享受晋升至精神享受的一种优雅活动。

茶文化本着立足于弘扬精神文明层面的需求，经过实践逐步发展成为高尚的生活艺术。茶文化是指整个茶叶发展历程中有关物质和精神财富的总和。凡有关茶的一切事物，都是茶文化的范畴。而茶艺与茶道正是中国茶文化的核心组成部分。在物质文化上，它包括了茶叶的栽种、采摘、加工、包装、运输、销售、贮存、品饮和茶具等的系统科学；在精神层面，它包括了史学、考古、文学、美学、艺术、礼仪、道德、宗教、民俗、经济和政治等学科门类。茶文化涵盖了“有形”的茶艺和“无形”的茶道等内容。茶道与茶艺有着紧密的联系，既相辅相成又各有侧重。

### 2. 茶艺

#### （1）茶艺与中华茶艺

具体来说，茶艺即饮茶的艺术，是艺术性的饮茶，是饮茶生活艺术化。中国是茶艺的发源地，目前世界上许多国家、民族都有自己的茶艺。中华茶艺是指中华民族发明创造的具有民族特色的饮茶艺术，主要包括备器、择水、取火、候汤、习茶的技艺以及品茗环境、仪容仪态、奉茶礼节、品饮情趣等。

中华茶艺不局限于中国大陆及港、澳、台地区，早已在海外生根发芽，开枝散叶。在日本、在韩国、在美国都有中华茶艺的表演展示和学习交流；在中国的茶艺也不都是中华茶艺，还可以有日本茶艺、韩国茶艺、英国茶艺等，也不能将在中国的外国茶艺视为中华茶艺。但无论是哪国的茶艺都是在中国传统茶文化基础上的沿袭传承和发展。

#### （2）茶艺之艺

茶艺之艺是指艺术，它具有一定的程序和技艺，但不同于茶学中的茶叶审评，茶艺是人文的，而茶叶审评是科学的。茶艺是艺术，茶叶审评是技术；艺术是主观的、生动的，技术却是客观的、刻板的。茶艺，分为广义和狭义两部分。广义的茶艺是研究茶叶的生产、制造、经营、饮用的方法和探讨茶业原理、原则，以达到物质和精神全面满足的学问。狭义的茶艺，是研究如何泡好一壶茶的技艺和如何享受一杯茶的艺术。如何泡好一壶茶是科学范畴，是一种技艺。我们这里要探讨的，就是狭义的茶艺，在这个意义上的茶艺中，所用茶为成品干茶，因而种茶、采茶、制茶不在茶艺之中，其重点在于泡茶与品茶。

泡茶的方法有千百种，但要泡好一壶茶一定有公式，有最好的方法。虽然，条条道路通罗马，但其中一定有一条是最省时、省力，最便捷的路，最适合的路，这条路就是茶艺研习要寻找、探讨的方式方法。品茶，因人、因时、因地，有各种状况，无法一概而论，所谓：茶有随时随地味，佛有随缘随喜法。

## 四、茶艺的终极追求——美好的茶汤

### 1. 茶之叶

茶，本是一片树叶，最初与神农氏相遇时，它被当作一味解毒良方。经由中国人的巧手，它才逐渐衍变为一种可口的饮品，散发出触动灵魂的清香，岁月又将其酿成了茶的味道。一碗清澈的茶汤，茶香瞬间迎面而来，一丝丝一缕缕，让人忍不住闭眼深深地吸入，陶醉不已。再品茶汤，入口顺滑细腻，香气纯正，略有回甘，滋味饱满丰厚，韵味沉静。此时的享受，便也是暖暖幸福的味道。如果再投入一点，还可以调动视觉，配以喜爱的茶壶、盖碗、茶宠、花插；调动听觉，听听注水、出汤的声音，在禅意的音乐背景下，喝出飘然若仙的美妙意境。品茶由感性的物质层面提升到灵性的精神层面，最终全部释放在一杯浅浅的茶汤中。茶是用来喝的，所以口感对于品茶者来说是至关重要的。抛开流于表面的外形和滋味，去品它内在的气韵，品它溶于茶汤的香甜，品它丰富的滋味和持久的回味。因此，无论我们研习茶艺还是从中悟道，无不启发于一碗鲜美茶汤最本源的清香魅力，在这碗美好的茶汤中，感悟着生命的真谛。

### 2. 茶之技

茶虽好，但如何泡出一碗美妙的茶汤却是个技术活，更是个精细活。这也是每位爱茶人的必修课。很多茶友觉得“自己泡的茶不好喝”。即便是老茶友，也可能会为自己不稳定的泡茶水平而懊恼。总觉泡不出茶艺师沏泡的韵味。这主要是他们忽略了一些泡茶中的小细节，并且对一些可以量化的指标不熟悉。比如：选水、煮水、选器、备茶到冲泡等内容，每一个环节都可能对茶汤造成影响。特别是水质的优劣，水温的高低，冲泡时间的长短，以及所用茶具的质地、大小、颜色、造型等，在行家看来，都有着极高深的学问。

### 3. 茶之水

泡茶，水之功居大。八分之茶遇十分之水，茶亦十分；十分之茶遇八分之水，茶亦八分。一杯好茶既来源于器的助力更少不了水的衬托。茶的精彩，主要还是靠水去呈现。因此，水的优劣也就成了大事。陆羽在《茶经》中写道：山水上、江水中、井水下。水源优良是首要，其次是水要甘冽，还要杂质少。泡茶也要因茶择水：自来水，总体是安全的，但泡茶不太适宜；纯净水，不加分也不减分；矿泉水，矿物质含量不是越高越好，有一部分就可以。水的生产日期也很重要，这是很多泡茶人容易忽略的，因为水也是贵在鲜活。泡茶用水还有老嫩之分，沸腾温度不够、不充分称为水嫩，茶汤不鲜爽、混沌；但反复沸腾的水称之水老，茶汤容易苦涩。

#### 4. 茶之汤

影响泡茶味道主要因素：

##### （1）投茶量

根据茶叶的种类不同，茶叶的投放量是有所区别的。茶与水的比例直接关系到茶的浓淡香味。即使在同一款茶叶的冲泡中，投茶量也是决定茶汤质量的关键因素。投茶量过大，则茶汤过浓，投茶量过少，则茶汤寡淡。一般来说100毫升左右大的盖碗，放5～7克干茶，能够充分体现一款茶的特质。但茶与水的最佳比例跟茶的品种、个人爱好、冲泡方法有着直接的关系。所以让茶水达到一个最佳状态就要分别对待。

红茶、绿茶、花茶的茶水的比为1：50～1：60；

乌龙茶的茶水比为1：18～1：20；

需要熬煮的边销茶茶水比为1：80；

可以冲泡的边销茶茶水比为1：25；

普洱茶的茶水比为1：20；

在刚开始时，最好使用电子秤来称量，以求得到准确的投茶量。

当然，喝茶本是适口为珍的事情。有人小清新，就喜欢淡啜，那就水多一些，茶少一些，有些清香即为好。还有人重口味，浓汤酽饮，那就多放茶，少放水。无论是哪种喜好，遵从自己的内心之意便好。当然，过浓的茶汤，不利于身体健康，也影响我们品味茶汤的细微之美，因此不建议喝浓茶。

##### （2）泡茶器具

俗话说："水为茶之母，器为茶之父。"可见茶具对茶的影响之大。不同的茶具，由于其特性不同，适合泡的茶也不相同。因此选不同的茶器泡茶将直接影响茶汤的鲜美度。

**瓷质茶具：**土质细腻，烧结温度高，胎质薄，敲击声清脆，表面光洁致密，不吸水，不吸味，密度大，传热快，适合泡一些风格清扬的茶类。因其传热快、不吸香，故能快速激发茶叶中的香味物质，且不会被吸附、掩盖，泡出的茶香高味鲜。那些原料较嫩的绿茶、茉莉花茶、花香型红茶、清香型铁观音、白毫银针等都适合同瓷质茶具来冲泡，至于是选择瓷质茶壶还是瓷质盖碗，则要视情况来定。这两者主要有以下区别：聚香的茶艺壶腹大而内收，能将茶香更好聚拢、留存。 盖碗为敞

口型，容易发散茶香。出水的速度上，盖碗出水口便于控制，出水速度快，适合需要浸泡时间短的茶。茶壶出水相对慢一些，适合需要浸泡时间较长的茶。

**陶质茶具：**胎质砂粒感强，烧结度低，胎质厚，敲击声沉闷，表面气孔多，易吸水吸味，密度小，传热慢。陶质茶具适合泡一些风格厚重的茶，因为陶土的吸附性会加强这种厚重、低沉的风格，茶汤在陶器内壁的气孔中进进出出，与陶土中的一些矿质元素发生一些反应，茶的醇厚韵味和变化会更加凸显。适合泡蜜香型红茶、武夷岩茶、重焙火台湾乌龙茶、寿眉、普洱等。

**紫砂茶具：**在“陶瓷”这个概念里，包含了瓷器、炻器、陶器，紫砂器被归为炻器或者陶器。紫砂茶具的气孔率也是比较高的，吸水性强，透气性极佳，且由于优质的紫砂土和独特的双气孔结构，使紫砂茶具对茶汤有一定的润饰作用。紫砂茶具也同普通陶质茶具一样，适合泡厚重风味的茶，尤其是重发酵、重焙火的茶以及老茶。一般泡绿茶不会用紫砂茶具，因其容易吸附绿茶清淡的味道，还容易闷坏鲜嫩的绿茶。适泡茶类有武夷岩茶、老普洱、老白茶、黑茶等。

**玻璃茶具：**也很受追捧，因其选用全透明玻璃材质，泡茶时能直接透视冲泡的过程，完整地欣赏到各种茶叶在水中的优美姿态。茶具晶莹剔透，杯中轻雾缥缈，澄清碧绿，芽叶朵朵，如佳人亭亭玉立，令人赏心悦目，别有一番韵味。而且玻璃器具内壁无毛细孔，不会吸附茶的味道，能让人品尝到茶的原味。同时容易清洗，味道不残留，非常方便。玻璃茶具泡茶正越来越受到人们的青睐。

### （3）冲泡动作

冲泡动作也会影响茶汤味道。对一个泡茶高手而言，不但要讲求动作优美，冲泡动作到位，冲泡得法，而且对茶的冲泡要有极高领悟能力。泡茶动作中的“浸润泡”和“凤凰三点头”，就是泡茶技和艺相结合的典型，这两个动作，多用于杯泡法，用来冲泡绿茶、红茶、黄茶、白茶中的高档茶。

对较细嫩的高档名优茶，采用杯泡法泡茶时，大多采用两次冲泡法。两次冲泡法，也叫分段冲泡法。第一次称为浸润泡，用旋转法，即按逆时针方向冲水，用水量大致为杯容量的1/5。同时，用手握杯，轻轻摇动，时间一般控制在30秒钟左右。目的在于使茶叶在杯中翻滚，在水中浸润，使芽叶舒展。这样，一则可使茶叶内含物质更容易浸出；二则可使品茶者在茶的香气来不及向空间挥逸之前，闻到茶的真香。

杯泡法的第二次冲泡，一般采用“凤凰三点头”手法。冲泡时水壶由低向高连拉三次，并使杯中的水量恰到好处。采用这种手法泡茶，其意有三：一是使品茶者欣赏到茶在杯中上下浮动，犹如凤凰展翅的美姿；二是可以使茶汤上下左右回旋，使杯中茶汤均匀一致；三是表示主人向客人“三鞠躬”，以示对客人的礼貌与尊重。用“凤凰三点头”泡茶，应使杯中的水量正好控制在七分满，留下三分空间。也叫“七分茶，三分情”。

当然，注水冲泡的方法还有很多种。

**①螺旋形注水**

这样的水线能令盖碗的边缘部分以及面上的茶底都能直接接触到注入的水，令茶水在注水的第一时间溶合度增加。

**②环圈注水**

这样的水线能令茶的边缘部分在第一时间接触到水，而面上中间部分的茶则主要靠水位上涨后才能接触到水，茶水在注水的第一时间溶合度稍欠。

**③单边定点注水**

这样的注水方式，令茶仅有一边能够接触到水，茶水在注水的第一时间溶合度较差，单边定点注水的点若在盖碗壁上，则比注水点在盖碗和茶底之间要溶合得稍好一些。

④正中定点注水

正中定点的注水方式是一种较为极端的方式，通常和较细的水线和长时间的缓慢注水搭配使用，令茶底只有中间的一小部分能够和水线直接接触，其他则统统在一种极其缓慢的节奏下溶出，这使茶叶内含物在注水的第一时间溶合度达到最差，茶汤的层次感也最明显。很多发酵类的茶会因此出现滋味过于凝聚，和茶汤分离的情况。

（4）冲泡时间

冲泡时间对茶汤的影响是毋庸置疑的，但很多细节的地方常常容易被忽略。如注水和出汤的时间，也是计算在冲泡时间中的，最好能够保持一个稳定的注水和出汤时间。虽然随着冲泡次数的增加，冲泡的时间也越来越长，但第二泡要比第一泡的时间短些，因为经过第一泡的浸润之后，第二泡茶叶内含物质析出速度要比第一次快，所以要缩短一些时间。另外茶叶的整碎程度、紧压程度，用壶还是用盖碗冲泡，都需要调整冲泡时间，不能一概而论，建议大家多做练习，多多交流探讨。

（5）出汤方式

缓慢的出汤主要对前期浸泡相对静态的茶水或溶合度差的茶水有融合调节作用，越缓慢均匀地出汤，茶汤在出汤时候的溶合就越有层次，且相对溶合温度越低，其汤感也越软。而出汤的速度越快，则令茶汤的融合度越好，香气越高。出汤快慢在冲泡过程中也具有微调作用。另外，茶汤各泡之间的间隔时间在以人为主的品茶过程中往往容易被忽略，其实意义很重大，尤其关系到几个很重要的问题。

①每一泡茶注水时茶底的温度

茶底的温度跟注水后整个容器中茶水的综合温度相关，过冷的茶底会令茶汤的溶出温度下降，导致香气变低。

②注水时茶底和水之间的温差

茶底过冷而水温过高会导致温差过大，令茶叶中各类物质的溶出速度不能够平均化，溶出物质的比例协调性下降，从而导致茶汤中滋味和香气不能达到最佳状态，而这部分变化与茶本身以及注水方式密切相关。

③存留的茶汤

上一泡出汤后，由于叶底依旧处于湿润状态，所以茶叶内含物的溶出依旧在继续，且随着温度的下降，茶叶收缩又会令溶出后的茶汤再次挤出，如间隔时间较长，这部分高浓度茶汤冷却后融入下一次注入的水中，就会增加茶的苦涩味，对下一泡的品质有着较大的影响。

出汤后残留的茶汤会令下一次浸泡的整体温度降低，导致芳香程度会有所下

降，但苦涩味较相同浓度的茶汤也会有所减低，汤感的黏稠度和厚度则会有所提升，并且会使相邻两泡之间的感觉更加接近，令茶口感稳定。出汤后残留茶汤的做法被称为“留根法”，常常被用来冲泡那些有异杂味的茶。

### （6）水温水质

好茶须有好水相配，方能相得益彰，故有“水为茶之母”之说。水中杂质会影响茶汤的色香味，例如水中铁锰离子可与茶汤中的多酚类物质作用生成黑褐色络合物，致使茶汤发暗；钙、镁离子的浓度较高时，会与茶汤组分生成低溶解度的络合物，使透明度降低，茶味变淡；氯离子、氯化物、硫酸盐含量高时，会使茶汤表面产生“锈油”，口感苦涩；水中偏硅酸盐和碳酸氢根浓度高时，会使茶汤的颜色加深、抗氧化性下降。而水中适量的镁、锌离子却在一定程度上能够提高绿茶的明亮度，镁离子还能够降低绿茶的苦涩味。

泡茶的水温及水质都是很有讲究的；泡茶烧水，要大火急沸，不要文火慢煮。以刚煮沸起泡为宜，用这样的水泡茶，茶汤香味皆佳。如水沸腾过久，即古人所称的“水老”。此时，溶于水中的二氧化碳挥发殆尽，泡茶鲜爽味便大为逊色。尚未沸滚的水，古人称为“水嫩”，也不适宜泡茶，因水温低，茶中有效成分不易泡出，使香味低淡，而且茶浮水面，饮用不便。

浸泡的时间是随“置茶量”而定的，茶叶放得多，浸泡的时间要短，茶叶放得少，时间就要拉长。可以冲泡的次数也要跟着变化：浸泡的时间短，可以多泡几次，浸泡的时间长，可以冲泡的次数一定要减少。

**①口感上，茶性表现的差异**

如绿茶用太高温的水冲泡，茶汤有如婴儿般活泼的感觉会降低；白毫乌龙如用太高温的水冲泡，茶汤有如女性般娇艳、阴柔的感觉会消失；铁观音、水仙如用太低温的水冲泡，香气不扬，阳刚的风格也表现不出来。

**②可溶物释出率与释出速度的差异**

水温高，释出率与速度都会增高，反之则降低。这个因素会影响对茶汤浓度的控制，也就是说在等量的茶水比例之下，水温高，达到所需浓度的时间就短，水温低，所需时间就长。

**③苦涩味强弱的控制**

水温高，苦涩味会加强；水温低，苦涩味减弱。所以苦味太强的茶可降低水温加以改善。涩味太强的，除水温外，浸泡的时间也要缩短。所以，在泡茶水温要降低的情况下，为达到所需的浓度，泡苦味太强的茶就必须增加茶量，或延长时间，冲泡涩味太强的茶叶，就必须增加茶量。

**④冲泡水温与茶种类的对应关系**

什么茶用什么水温冲泡才能泡出高品质的茶汤？在这里我区分为三大类进行说明：

低温（70℃~80℃）

用以冲泡龙井、碧螺春等带嫩芽的绿茶类。

中温（80℃~90℃）

用以冲泡白毫乌龙等嫩采的青茶，瓜片等采开面叶的绿茶，以及虽带嫩芽，但重萎雕的白茶（如白毫银针）与红茶。

高温（90℃~100℃）

用以冲泡采开面叶为主的青茶，如包种、冻顶、铁观音、水仙、大红袍、白鸡冠、水仙、乌龙、肉桂等。还有武夷岩茶，以及后发酵的普洱茶。这后两类偏嫩采者，水温要低，偏成熟叶者，水温要高。上述青茶之焙火高者，水温要高；焙火轻者，水温要低。

**⑤水温其他因素**

泡茶用水是先烧到100℃再降到所需温度，还是需要多高的水温就烧到所需温度即可？这要看水质是否需要杀菌或是否需要利用高温降低某些矿物质与杀菌剂，如果需要，先将水烧到100℃再降到所需温度，如果不需要，直接加温到所需温度即可。因为水开滚太久，水中气体含量会降低，不利于香气挥发，这也就是所谓水不可烧老的道理。

此外泡茶水温还受到下列一些因素的影响。

温壶与否

置茶之前是否将壶用热水烫会影响泡茶用水的温度，热水倒入未温热过的茶壶，水温将降低5℃左右。所以若不实施“温壶”，水温必须提高些，或浸泡的时间延长些。

温润泡与否

有些人泡茶时，冲第一道水后马上把水倒掉，然后再次冲水，浸泡后得出饮用的第一道茶。这个第一次冲水又马上倒掉的过程称为温润泡（不一定要实施），经过温润泡后，茶叶吸收了热度与的湿度，再次冲泡时可溶物释出的速度一定会加快，所以实施过温润泡的第一道茶，浸泡时间要缩短。

用水选择

对于用水，一般市场上的矿泉水或纯净水都能够基本满足泡茶的需求。国内的自来水因为硬度较高，水中杂质较多，所以并不建议用来泡茶。另外还可尝试用铁壶、银壶煮水，提高水温，改善水质。

**⑥储存**

一般爱喝茶的人都喜欢储存一些自己喜欢的茶品。但若储存方法稍有不当，就会在短时期内失去茶品的原有风味。因为茶叶的吸附性很强，很容易吸附空气中的水分及异味。因而茶的香气、汤色、滋味、颜色等也会随之发生变化，新茶味慢慢消失，陈茶味渐渐出现，从而导致茶叶品质下降。俗话说："三分茶，七分仓。"茶叶的存储环境主要受温度、水分、氧气、光线等因素的影响，越是轻发酵、高清香的名贵茶叶，越难以保存。茶叶的品质也直接关系到一碗茶汤的优劣，因此，良好的存储环境尤为重要。

无论是哪种茶叶要想长期保存而不失其味，茶叶的含水量一定要控制在3%~5%。干燥程度与茶叶贮藏期限有相当重要的关系，一般而言，焙火较重，含水量较低者可储存较久。茶叶买回家后，如果是未密封常温保存的茶，而且数量也不多的话，还是尽快喝完比较好，以免变质。刻意需要长期保存的茶，要专业储藏、定期烘焙。绿茶在一两个月内趁新鲜喝完最好，其余半发酵、全发酵的茶也最好在半年内喝完。

而不同类别的茶因其特性不相同，保存的方法自然也不尽相同。

绿茶

绿茶讲究的是贵新不贵陈，一般都是放冰箱、冷藏室5℃左右保存。青茶也是用冰箱存放最好，比如铁观音等。未开封的绿茶、青茶等茶叶，如果想长时间保存，则应放入冷冻室，放入前最好用锡罐密封，防止异味。

黄茶

黄茶也像绿茶一样，茶叶比较嫩，所以保存方法同绿茶。除了冰箱保存，还有一个办法就是用锡罐。锡罐的密封性好，可以防止茶叶和空气接触而被氧化。清代刘献庭曾经在《广阳杂记》说："惠山泉清甘于二浙者，以有锡也。余谓水与茶之性最相宜，锡瓶贮茶叶，香气不散。"

红茶

红茶属于全发酵茶，比如祁门红茶、滇红等，茶叶经过发酵后，茶叶里的成分基本稳定了，不会再发生太大变化，所以不需要放冰箱。对红茶的保存方法只需要在喝完后直接封好袋子放陶罐、紫砂罐就行。

黑茶

以普洱茶为代表的黑茶的保存方法是放在紫砂罐里，这样既不会吸收杂味，又透气。而且用紫砂罐存放普洱茶，茶香味也会保持得比较好。

白茶

以白牡丹为代表的白茶，保存方法和黑茶类似。

花茶

以茉莉花茶为代表的花茶，保存方法与绿茶类似，采用罐藏法，密封保存即可。

### 5. 茶之韵

时光的列车以自有的速度在前进，很多事物慢慢变得模糊不清。茶的江湖风起云涌，跌宕起伏，唯有一些真正的好茶，始终屹立于山之巅峰，不论时光如何消逝，它都存活于你的舌尖、你的咽喉、你的脑海，“不负花枝去，且嗅清香茶。”正所谓“虽无丝竹管弦之盛，一觞一咏，亦足以畅叙幽情”，饮酒如此，品茶更是如此。此中真味，即是茶之韵。

下篇

# 艺精而道明

# 第5章 茶艺修习分类型

如同茶叶有分类，了解了茶类和手里这款茶的特色才能选择合适的器具、合适的水温和合适的冲泡方法一样，茶艺也有类型，知道每种茶艺需要把握的重点，才便于学习茶艺。

# 一、茶艺各类，条分缕析才能学明白

在上篇“茶艺的分类”中，我们已经大致谈到茶艺有多种分类划分方式：以人为主体划分（宫廷茶艺、文士茶艺、民俗茶艺和宗教茶艺等）、以茶为主体划分（绿茶茶艺、红茶茶艺、乌龙茶茶艺、黄茶茶艺、白茶茶艺、黑茶茶艺、普洱茶茶艺、花茶茶艺等）、以表现形式为主体划分（表演型茶艺、待客型茶艺和营销型茶艺等）。

这里，我们以茶艺的学习者为主体，以茶艺的功能来划分，可以将茶艺分为修习型茶艺、表演型茶艺、日常型茶艺。三种类型茶艺各有特点，无分高低。

# 二、各种茶艺，重点不同

## （一）修习型茶艺——注重自身修养

修习型茶艺注重自身修养和茶的所有细节，一丝不苟，反复练习，由外形而至内心。

### 1. 以习茶修精神

修习型茶艺是以“茶”载“道”，通过习茶、行茶达到精神修习的生活艺术。茶艺通过展示茶、享受茶、感悟茶，使习茶者从日常琐事中解放出来，学会以修习的状态看待生活，欣赏事物，改变平凡、刻板、枯燥的生活，打开诗意的生活方式，并使自已趋向真善美。在习茶的过程中，习茶人以茶养身，以道养心。

“茶之为用，味至寒；为饮，最宜精行俭德之人”（唐·陆羽《茶经》）。自茶第一次出现在专著中，茶就以简朴清正的姿态呈现在世人面前，精行俭德也成为茶人们的标签。

唐人刘贞亮有饮茶十德：“以茶散郁气；以茶驱睡气；以茶养生气；以茶除病气；以茶利礼仁；以茶表敬意；以茶尝滋味；以茶养身体；以茶可行道；以茶可雅

志。”更是将茶的特质简练地标示了出来。

很多爱喝茶的人，都会每天沏茶以感悟自我。挑选适合时宜的茶品搭配精美、适宜的茶具，不仅美观，更能提高茶的色、香、味，在引导我们享受茶的同时，让我们更享受茶在身体内的感觉。一花、一草、一块石头、一根枯枝、一只花瓶、一幅书画，看似无关，但都可衬托茶的存在。人们需要这样的东西、这样的环境、这样的方法，以忘却日常杂务，用茶所激发出的美来冲击内心深处的灵魂。将一枯枝插在花瓶中，切下一段竹节当茶盖的盖置，甚至捡一块石子当茶宠，就能改变喝茶的氛围。将艺术的力量、发现美丽的力量带入到你的茶中，你就会更深入地体会喝茶的乐趣、生活的乐趣。

《茶疏·茶所》记载：“小斋之外，别置苛寮。高燥明爽，勿令闭寒。壁边列置两炉，炉以小雪洞覆之，止开一面，用省灰尘脱散。寮前置一几，以顿茶注、茶盂，为临时供具。别置一几，以顿他器。旁列一架，帨悬之……”饮茶的环境自古亦有要求。虽说是环境，不如说是意境来得贴切。清洁本身不是目的，而是一种过程。哪怕是自己独饮，也切不可忽略了这个过程。茶室即是我们的心灵，在茶室喝茶即是在我们的心中品茗，清洁茶室即是清洁心灵。拂去尘埃如同擦亮内心，使其一尘不染。在这混乱的世界之中，让我们给自己留下这难得的净土。

### 2. “修”在习茶的时时处处

茶要“净、香、纯”，水要“清、洌、甘”，器要“洁、精、雅”，境要“朴、简、静”。茶在历代文人雅士的传承间，不断融合、不断演进，最终成为融合茶、宗教、哲学、艺术、礼仪为一体的综合性文化体系。

喝茶之始，我们要清洗所有的茶具，哪怕是一个人独处。洁具不仅是为了卫生也不只是外人眼里的“讲究”，而是在洁具的同时，杯子在水中洗过，也是在轻轻拂拭你的内心。洗净所有的茶杯、茶壶之后，再洗茶，更是洗去茶席间所有的外在意识，洗去自己内心的尘埃、洗去那世俗的繁乱，只留下喝茶的心。

喝完茶后，再用同样的心境将茶具清洗干净。这些茶具不再是一般的物品，而是我们心灵的伴侣，是我们在茶道修习过程中的伙伴。每次旅行下来，都将它们洗净、擦干，照顾好它们。你会发现它们将在下次的旅行之时给你超乎想象的回馈。

这一切看似乏味，只要你怀着初心，一丝不苟、周而复始地去修习，你将会发现茶艺的美妙。茶味将更香也将更有韵味，精神也会获得更大的满足。你将在这擦拭、冲泡的过程中不断擦拭洗涤你的内心，进而你将会创造出一个具有超然磁场的喝茶环境，不但影响你自己，更会影响到每一位身处其中的人。在这样的环境之中，将茶叶放入壶中，待水烧开慢慢注入，每一杯茶都将浸润着“道”。

### 3. 技心同修四阶段

修习茶艺是一个不断提升不断精进的过程，一般会经历四个阶段：

#### （1）唯我独尊

热水冲泡，开汤即饮。这时茶完全是我的附属品，因我而生，为我而存。没有什么手法和技法可言。茶只是一种饮料可以解渴而已，没有自我。给我们带来的也只是止渴润喉、消食解腻、提神醒脑的健康功效。

#### （2）循规蹈矩

初学茶时，势必会根据前人所述，根据茶的种类来确定投茶量是多少、水温是多少，一步一步，小心翼翼，生怕有半点差错。直到熟悉了冲泡过程中的所有流程，并且不断练习、专心研究，最终得以控制稳定，将茶的真香、真味展现出来。

这时，茶的真味得以展现，但细细品来，同类茶泡出来的茶汤味道都差不多，没有展现出各自独特的韵味。

#### （3）顺其自然

随着对茶的深入了解，品鉴的茶样不断增加，你这时会对茶类、茶性有更多的认识。在你大量品鉴经验的基础之上，这时，泡茶则进入抽象阶段。

每个茶都有其独特的经历，它的经历形成了它独有的韵味。泡茶如同与人交心，理解、倾听，才能让它对你展现出最美的一面。能否让茶的美展现在世人面前，就在你那冲泡体会的点滴之间。道可道非常道，这时就靠你的个人感悟了。

#### （4）浑然一体

“从心所欲，不逾矩”，随着技与心的共同进步，彼此互通互融。你有了它的韵味，它有了你的脾气。茶性随着心性发展，茶中有你，你中有茶，人与茶，人与器，人与环境在一起。这时你和茶已经突破了人与茶的限界，终得融为一体。

## （二）表演型茶艺——注重茶的综合之美

表演型茶艺尤其注重表现、传递茶的综合之美，注重衣着、茶席、动作、音乐等各个环节的形式之美。各种专题茶艺表演，如民族茶艺、宫廷茶艺、宗教茶艺等，只要其功能是通过表演展示和传递美，均为表演型茶艺。

表演型茶艺是以“茶”载“艺”，茶艺师借助舞台美学的各种手段展示泡茶技艺，观众在台下或屏幕前观赏，因为观众无法体验茶的色香味韵，所以它在某种程度上还称不上是完整的茶艺，但是，表演型茶艺适合在盛大场合或借助各种影视媒体来表现，借以弘扬茶文化，其特点是唯美是求，允许夸张，重在视听效果。

“茶艺表演”一词是20世纪80年代由台湾省传入的内地的。随后，茶艺表演在内地迅速发展，通过茶叶冲泡技艺的演示，将茶叶的冲泡科学化、生活化、艺术化地展示出来，使观赏者在精心营造的优美氛围中得到美的享受。

茶艺表演是中国茶文化和茶产业蓬勃发展的产物，也是其发展的巨大推动力之一。茶艺，主要是指泡好一壶茶的技艺和品尝一杯茶的艺术。而茶艺表演，是在泡茶和品茶的基础之上，用艺术表现的方式，实现茶的生活艺术之美。

经过30多年的努力，表演型茶艺的形式由传统走向多样，由单一走向丰富，题材、形式日趋多样。有表现茶文化历史的茶艺表演，如唐代风格的“宫廷茶艺”、宋代风格的“斗茶茶艺”、明清风格的“盖碗茶艺”等；有表现民俗文化的茶艺表演，如白族的“三道茶茶艺”、藏族的“酥油茶茶艺”等；有表现宗教文化的茶艺表演，如佛教的“禅茶茶艺”、道教的“太极茶艺”等；还有独具地方特色的“潮汕工夫茶茶艺”等。

### 1. 茶艺表演的发展

#### （1）茶艺表演的程式期

表演型茶艺的形式多种多样，归纳起来，有按茶艺形式划分，有按茶叶类型划分，有按茶具类型划分。但早期茶艺还属于程式型的茶艺表演，主要侧重于泡茶器具与茶叶的介绍，在茶的推广和普及上起到了极大的推动作用。这个时期茶艺表演的基本流程为表演者拿起茶具、茶叶一一介绍：“紫砂壶，这是用来泡茶的器皿；公杯，这是用来均匀茶汤的器皿……”最后按照标准流程完成泡茶过程的演示及步骤讲解。这样的茶艺是茶艺表演的初级形态，缺乏艺术创编、内涵和美感。

#### （2）茶艺表演的艺术融合期

随着茶艺表演的普及，人们开始提升对茶艺表演艺术性的要求。作为表演型茶艺，开辟其艺术创编先河的，应该是已故的“农业考古第一人”——陈文华教授和

茶艺表演艺术家袁勤迹女士。袁勤迹女士创编的《龙井问茶》和《九曲红梅》，加入了丰富的现代表演元素，整体的主题构思、茶具布置、冲泡技巧等，都形成了别开生面的风格。

中华文明历史悠久，中国茶文化贯穿其中，56个民族的茶礼茶俗丰富多彩、争奇斗艳。同时也为茶艺表演提供了丰富的素材。如纳西族的龙虎斗茶艺表演、东乡族的三香碗子茶茶艺等。通过对不同民族不同地域艺术特色的融合，使茶艺表演在感观上有了大幅的提升。

**（3）茶叶表演的蓬勃发展期**

近年来，全国各地、各机关、机构，都在举办“茶艺师职业技能大赛”“茶艺表演电视大赛”“茶奥会大赛”等，带动了一大批茶爱好者、在校大学生、茶行业工作者参加，参与者的整体知识层次不断提升，为茶艺表演不断带来新的思维和突破，除感官上的提升外，在思想和内涵上也在不断挖掘、推新，从而产生了不少优秀的茶艺表演作品，让我们感受到了表演型茶艺艺术性的不断提升。

### 2. 茶艺表演四要点

而如何将传统型茶艺转变成艺术性茶艺，进而转变为富有茶道内涵的茶艺则是茶艺表演的未来发展方向。更需要习茶人通过立意、主题等方面的创新不断提升茶艺表演的艺术层次。

### （1）立意新颖

主题是茶艺表演的核心和灵魂。创编表演型茶艺，主题应该意境高雅、深远，可以通过人、事、情的叙述来凸显，切忌泛泛而谈或天马行空。一个茶艺表演，主题只能有一个，杂不得。

如2015年在全国职业院校中华茶艺大赛中，重庆院校茶艺表演作品《茶思红岩》，以“江姐儿子创业”为主题展开，讲述江姐的儿子留学回来之后在当地致富的故事，大家都知道江姐是一个具有正能量的人，唱红岩，喝红茶。这样新颖而深刻的主题，不仅能体现艺术的分量，更能给人以思想的启迪。

### （2）诠释主题

诠释主题，最直接、重要的是要创编出一个较好反映主题的茶艺解说词，既能达到诠释主题的目的，同时也可以使观众更好地理解主题，感受审美效果。一般来说，合格的解说词，应由主题诠释、程序演绎两方面构成，同时契合表演用茶的茶理茶性。现在大部分解说词都颇显传统或简单，比如，介绍参演者单位和姓名，介绍茶叶的产地、背景，茶叶的冲泡方式方法等；还有就是套用通用程式，如表演绿茶的，解说都是“冰心去烦尘、嘉宾赏嘉叶、清宫迎佳人……”之类。这些形式的茶艺解说，只适宜用在基础学习的场合，如果将其用在舞台或比赛表演上，显然是

没有说服力、表现力的，优秀的茶艺解说词，需要创编者在文学、舞美、音乐等多个专项上综合把握、融合，完美、准确地烘托、渲染主题。

比如，2015年在全国职业院校中华茶艺大赛中，北京农业职业院校的创新茶艺《梅兰芳》就很有特色。

表演用茶：铁皮石斛、茉莉花茶。

创新内容：梅先生在八年抗战中，身处逆境，始终拒绝为敌伪演出，退出舞台。四十年的舞台表演、四十年的艺术沉淀，都在他处于事业巅峰的时候戛然而止了，这对于热爱舞台、热爱京剧艺术的梅先生来说都是巨大的痛楚。他视艺术如生命，但是，在生命与国家之间，他毅然决然地选择了国家，“风味既淡泊，颜色不妩媚。孤生崖谷间，有此凌云志。”梅兰芳先生蓄起了胡须，深居简出，在自己的书斋中过起了文人雅士的闲居生活，以画会友、以茶待客。那茶清淡爽口，沁人心脾。当口腔中充盈苦涩的时候，让他精神为之抖擞、气节凛然。直到有一日，收音机中传来声音：日本战败。梅兰芳听到这个消息，意识到战争即将胜利，“梅花香自苦寒来”，他审视着这幅“春消息”喜不自禁。吟诵道：“十年无梦得还家，独立青峰野水涯。天地寂寥山雨歇，几生修得到梅花。”停演八年的梅兰芳先生再一次登上了他所热爱的京剧舞台。再饮开嗓茶，那茶汤在口中回旋，咽下苦涩，带来的却是丝丝回香。

**（3）把握结构**

茶艺的结构包括两个概念：位置结构和动作结构，位置结构是指舞台、茶器、音乐、茶艺师之间的关系和构成。动作结构是指茶艺表演过程中动作间的关系构成，总体要求张弛有度，切忌一贯到底。大体是，以慢为主、快慢相间、中有停顿，要求柔和、细腻，不能太过夸张，或太过内敛。茶艺表演者的服装、发型、头饰、仪容等，整体要求应与所表演的结构相呼应，以得体、整洁、大方、符合主题为主。不同的音乐用来烘托不同的情境。比如低沉的音乐，给人以深思；轻柔的音乐，给人以清幽。带领观者进入茶艺的艺术境界。

**（4）重视茶席**

茶席，指以茶为灵魂，以茶具为主体，在特定的空间形态中，与其他的艺术形式相结合，所共同完成的一个有独立主题的茶道艺术组合整体。近年来，茶席布置已成为茶艺表演的一项重要构成内容；在有些比赛场合，茶席设计被列为单独比赛项目。

创新茶席，是将茶席布置艺术升华，注重的是整体空间的协调、色彩的搭配、结构合理的艺术美感。在布置茶席时，需要注意：

**①茶具**

根据主题与茶品，选择对应的茶器具，在材质、色泽、造型、体积、实用性等方面都要严格要求，且注重协调感，不杂乱无章。

**②铺垫**

铺垫物的选择，常见的有各种材质的布料，如棉布、麻布、化纤、丝绸等；也有选择以自然界物品作铺垫，如树叶、花草、石头、竹子等；少数的，还会选择书法作品和绘画作品等纸张材料。铺垫物的色彩原则是，单色为上，碎花次之，繁花

为下。原料要自然质朴，色调要素雅洁净，能起到衬托、渲染的效果，更要与主题相呼应；不能过于花哨，喧宾夺主。如主题以“绿茶”为主，则铺垫物可以是绿色的树叶，也可以是浅绿色的棉布，象征春意盎然。

铺垫摆放有平铺、对角铺、三角铺、叠铺和垂帘铺等。铺垫物的质地、色彩和形式的选择，都要围绕茶艺主题和茶器展开，给人以充足的想象空间。

**③点缀**

增加茶席的观赏性，在茶席布置中，一般还会摆放相关艺术物品，如插花、焚香、挂画等。

插花，花材力求简洁、典雅，以自然界植物的根、叶、花、草、果等为好；焚香，选择淡雅、自然界的草本、木本香为好，以免与茶香冲突；而表现人生态度、情趣、境界的挂画，整体风格、美感则要与茶席主题一致。

**④背景**

为获得某种视觉效果，设定在茶席之后的背景物，即为茶席背景。如果说茶席是小空间的桌面布置，那么背景物则是大空间的格局布置，它可以使视觉空间相对集中，视觉距离相对稳定，更能让观者准确感受茶艺主题。较常见的背景布置多采用实景画面，如茶园风光、风景画、房屋建筑等，也有用屏风、古典灯饰、油纸伞、博古架的，还有将树木、竹林、假山等生活场景搬入舞台的。

表演型茶艺经历了三十多年的发展、创新，取得了很多成绩。但仍有不少需要总结和值得认真探索的规律，这些有待我们在今后的实践中进一步完善、提高。只要我们秉持弘扬中华优秀传统茶文化的观念，坚持面向观众、不断艺术创新的原则，表演型茶艺发展的春天，一定会百花齐放、争奇斗艳、欣欣向荣的。

### （三）日常型茶艺——注重以茶陪伴的和谐交流

日常型茶艺注重以茶作为沟通的媒介和润滑剂，以使情感更融洽。

日常型茶艺包括茶的日常简便泡法和待客型茶艺。前者是根据茶性用最简单的泡茶手法泡出茶的最佳滋味，个人品茗。后者则是按正式的程序和茶礼以茶待客，以喝茶融洽感情，拉近彼此的距离。

茶叶因其特殊的属性，在现代人际交往中，越来越多地扮演着不可替代的角色，从日常交往到商务社交，再到国家外交，茶作为媒介和工具，处处发挥着其特有、强大的社交功能，实乃社交的万能润滑剂。人们在饮茶之时，可以感受到一种祥和安宁、跨越时空、跨越隔阂的交流气氛。茶的那种平和清淡的自然秉性与人们追求和谐的要求息息相通，人际关系可以因茶而生缘，因茶而融洽。茶在人际交往的连接带上具有其他媒介所不能代替的润滑作用。

## 三、关于茶艺师职业

茶艺师是茶文化的传播者、茶叶流通的“加速器”，是一个温馨且富有品味的职业。1999年国家劳动部正式将“茶艺师”列入《中华人民共和国职业分类大典》，并制订《茶艺师国家职业标准》。现今中高级茶艺人才可谓市场中的“抢手货”，各大茶叶公司、茶楼、涉外宾馆把拥有茶艺师资格者看作企业进一步发展的重要因素，通过专业培训的茶艺师往往能得到消费者信赖，给企业带来直接的经济效益。

### （一）茶艺师职业主要工作内容

①鉴别茶叶品质。

②根据茶叶的品质，合适的水质、水量、水温和冲泡器具，进行茶水艺术冲泡。

③选配茶点。

④介绍名茶、名泉及饮茶知识、茶叶保管方法等茶文化知识。

⑤按不同茶艺要求，选择或配置相应的音乐、服装、插花、熏香等。

⑥辨别各类茶，冲泡时把它们的色、香、味都发挥到完美的境界。

## （二）茶艺师职业岗位要求

①需要掌握一定的茶艺知识和技能（包括基本的茶叶知识和待客礼节、茶的起源、功效以及种类等）。

②熟悉主要的冲泡器具和冲泡方法。

③掌握茶叶质量分级知识，掌握茶叶储藏保存知识。

④熟悉品茶用水知识，即品茶与水的关系。

⑤掌握茶艺专用外语基本知识。

⑥熟稔各种茶叶的相关知识，如品种、产地、口感等。

## （三）茶艺师职业等级

本职业共设五个等级，分别为初级（国家职业资格五级）、中级（国家职业资格四级）、高级（国家职业资格三级）、技师（国家职业资格二级）、高级技师（国家职业资格一级）。

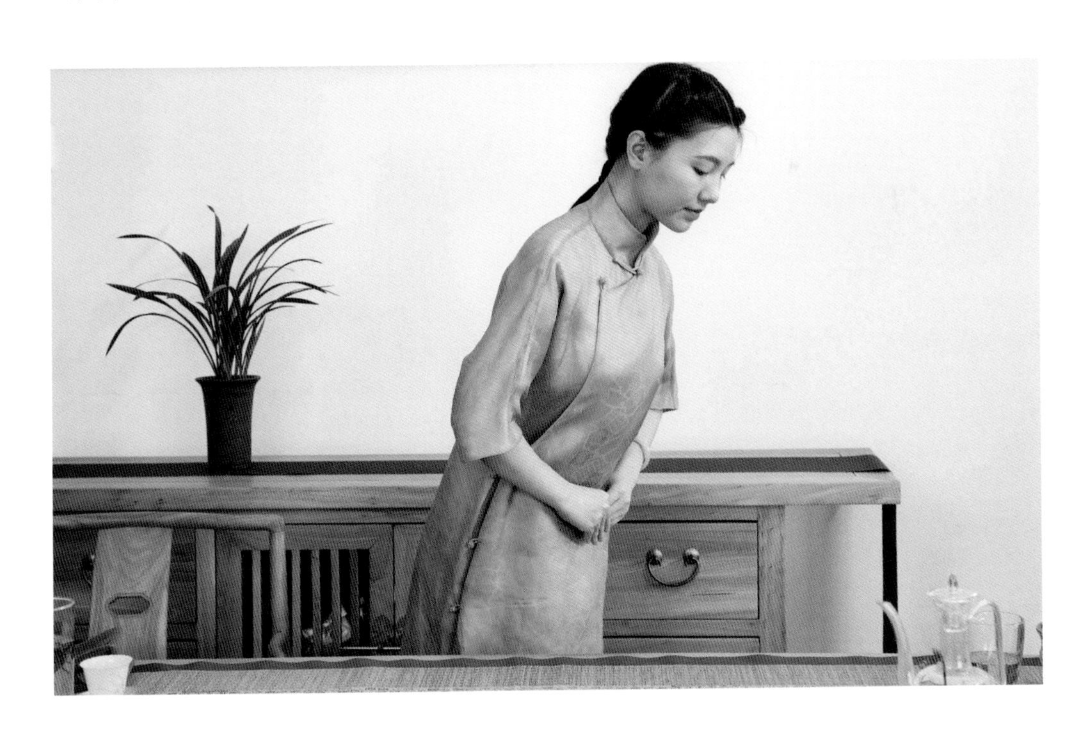

# 第6章 茶艺不仅重泡茶

学习泡茶，功夫即在“泡茶”，也在泡茶以外，除了文化、艺术素养的积累，了解茶叶的特点，知道水质对茶的重要性，学会根据一款茶判断最适合冲泡它的水温、投茶量、用水量，并选择最适合它的器具，这些都是茶艺学习中的重点。

# 一、鉴茶技艺

## （一）茶类辨别

知道并辨别茶类，是泡好茶最基本的前提，不同茶类对水温、投茶量、泡茶时间等都有不同的要求。我国根据制茶工艺的不同，将茶分为绿茶、黄茶、白茶、红茶、青茶（乌龙茶）、黑茶六大类和再加工茶。

**①绿茶**

绿茶的外形、汤色、叶底均为绿色，是历史上最早出现的茶类，干茶嫩绿，常有栗香、果香、花香，嫩香持久，汤色嫩绿明亮，滋味鲜醇，叶底嫩匀。

**②黄茶**

黄茶的外形、汤色、叶底均为黄色，干茶挺秀，色泽浅黄，香气熟甜，汤色鹅黄明亮，滋味甜醇柔和，叶底杏黄。

**③白茶**

白茶因干茶外表满披白毫而得名，外形松展自然，芽叶上带白色的茸毫，色泽嫩绿，毫香明显，汤色清澈淡黄，滋味和淡，很耐冲泡，叶底匀整。

**④红茶**

红茶的外形、汤色、叶底均为红色，外形细紧，色泽乌润略显金毫，香气浓郁带甜香，汤色红亮，滋味醇和回甘，叶底红匀细软。

**⑤青茶**

青茶在商业领域内习惯称为乌龙茶，外形紧结重实，色泽墨绿油润，香气清香高长，汤色橙黄明亮，滋味清爽细腻，叶底软亮。

**⑥黑茶**

黑茶品类众多，初制和再制成形的方法不尽相同，形体多种多样，品质个性差异很大，但共性特征很明显，干茶色泽黑褐油润，汤色黑褐或褐红，香味纯和不涩，叶底黄褐粗大。

⑦**再加工茶**

以上述六大类茶的原料经再加工而成的产品即为再加工茶。常见的有花茶、紧压茶、萃取茶、果味茶、药用保健茶等，分别具有不同的品味和功效。花茶是最常见的再加工茶之一，一般采用绿茶的茶胚，也有少数以红茶和乌龙茶为茶胚的，将茶胚与鲜花窨制即成。由于窨花的次数不同和鲜花种类不同，花茶的香气高低和香气特点也不一样，其中以茉莉花茶的香气最为浓郁，是我国花茶中的主要产品。花茶外形根据茶类不同而不同，伴有少许的花瓣，花香浓郁，既具有茶叶的爽口浓醇之味，又兼具鲜花的纯情馥郁之气，汤色、叶底视茶类不同也有所不同。

## （二）品质辨别

### 1. 茶叶辨别

无论古今，茶叶的品质从来都备受关注。明代冯可宾《岕茶笺·辨真赝》中说："茶虽均出于序岕名，有如兰花香而味甘，过霉历秋，开坛烹之，其香愈烈，味若新沃。以汤色尚白者，真洞山也。若他嶰，初时亦有香味，至秋，香气索然，便觉与真品相去天壤。又一种有香而味涩者，又一种色淡黄而微香者，又一种色青而毫无香味者，又一种极细嫩而香浊味苦者，皆非道地。品茶者辨色闻香，更时察味，百不失一矣。"宋徽宗在《大观茶论》中说："夫茶以味为上。香甘重滑，为味之全。惟北苑壑源之品兼之。其味醇而乏风骨者，蒸压太过也。茶枪乃条之始萌者，木性酸，枪过长则初甘重而终微涩，茶旗乃叶之方敷者，叶味苦，旗过老则初虽留舌而饮彻反甘矣。此则芽胯有之，若夫卓绝之品，真香灵味，自然不同。"

现在，我们辨别茶叶品质优劣，通常采用茶叶感官审评的方法，干湿辨别，即通过看干茶叶、冲泡后品茶汤、看叶底（泡过的茶叶），来对茶叶的优劣等级进行评定。专业的茶叶评审有外形与内质两大块，共有八项辨别内容，俗称八项因子。分别为：

**干评外形：**干看辨别嫩度、条索、色泽、净度。

**湿评内质：**茶叶经冲泡后，辨别香气、滋味、汤色、叶底。

### 2. 外形审评

#### （1）嫩度

茶叶老嫩是决定其品质的重要因素，也是外形审评的重点项目。嫩叶叶质柔软，容易成条，条索紧结；可溶性物质含量较多，色、香、味品质佳。

茶类不同，对鲜叶嫩度的要求也不同。如龙井、碧螺春等要求细嫩，而青茶、六安瓜片、太平猴魁则要采摘成熟的新梢。所以，辨别茶叶嫩度一定要根据不同茶类的嫩度要求进行比较。

茶叶中的白毫又称茸毛，一般茸毛多的好，如：白毫银针。芽毫的疏密，受茶树品种、茶类、季节、加工技术等影响。同样嫩度的茶叶，春茶显毫，夏秋茶次之；高山茶显毫，平地茶次之；人工揉捻显毫，机揉次之；烘青比炒青显毫，炒青看锋苗，烘青看芽毫。

**（2）条索**

条索是指外形呈条状，似搓紧的绳索。各类茶都有一定的外形规格要求。茶叶采制技术不同，外形就不同。一般老叶细胞组织硬，初制时条索不易揉紧，且表面凸凹不平，条索呈皱纹状，叶脉隆起，干茶外形粗糙。而嫩叶柔软，果胶质多，容易揉成条，条索光滑平伏。外形呈条状的有炒青、烘青、条形红茶等。条状茶的条索要求紧直、有锋苗，松、扁、曲、碎为差。但珠茶要求颗粒圆结，呈条索的反而不好。

具体又可通过松紧、弯直、整碎等三个要点进行评判。

松紧：条紧细，空隙度小，体积小，身骨重实为佳；条粗松，空隙度大，用手感觉轻飘为次。

**弯直：**条索圆浑、紧直的好，弯曲的差。可将茶样盘筛转，看其茶叶平伏程度，不翘的较直，反之则弯。

**整碎：**条形以完整的好，断条、断芽的差。下脚茶碎片、碎末多的更差。

**（3）色泽**

干茶色泽主要从色度和光泽度两方面去看。

色度即茶叶的颜色及其深浅。光泽度指茶叶接受外来光线后，色面的亮暗程度。茶类不同，茶叶的色泽也不同。红茶以乌黑油润为好，黑褐、红褐为次；绿茶以翠绿、深绿光润为好，黄绿不匀较次。

辨别色泽时，色度与光泽度应结合起来。如干茶色正、有光泽，表示鲜叶嫩度好，制工合理，品质好。干茶色枯暗、花杂，说明鲜叶老或老嫩不匀，或初制不当等。程度不等的劣变或陈茶色泽往往枯、灰、暗。高山茶色泽黄绿润泽，低山茶或平地茶色泽深绿。干燥时火工高的绿茶茶色常枯黄，干燥火温低、不及时的茶色黄而暗。

**（4）净度**

净度：指毛茶含夹杂物的多少，即指采茶、制茶过程中，茶中所夹杂的非茶叶物质。夹杂物有两类，即茶类夹杂物与非茶类夹杂物。

茶类夹杂物主要为茶树、茶叶的梗、籽、朴、片、末、毛等。

非茶类夹杂物如树叶、竹丝、砂石等。

毛茶有无夹杂物或夹杂物的多少，直接影响茶叶品质的优次。

### 3. 内质审评

内质审评需通过汤色、香气、滋味、叶底四项对冲泡后的茶叶进行评审。茶叶冲泡后，放置一定时间，将冲泡好的茶汤倒入杯中，处理好茶汤后，可先嗅杯中香气，后看碗中汤色（绿茶汤色易变，可先看汤色，后嗅香气），再尝滋味，最后察看叶底。

#### （1）香气

茶叶的香气成分主要是鲜叶中含有的和加工中产生的芳香物质。茶叶香气因茶树品种、生态环境、肥培管理、季节、采摘标准、加工方法等的不同，差异非常明显。目前已知鲜叶中只有近 60 种芳香成分，而成品茶中已发现 600 多种，说明茶叶加工中香气的变化是极其复杂的。

辨别香气主要比纯异、高低和长短。

**①纯异**

纯——指某茶应有的香气，异——指茶中夹杂的其他不良气味。

纯正的香气要区别三种类型：即茶类香、地域香和附加香气。

**茶类香：**即某种茶类应有的香气，如绿茶的清香，青茶的花香，红茶要有的甜香等。在茶类香中又要注意区别产地香和季节香，产地香即高山、低山之区别，一般高山茶香气高于低山茶。季节香即不同季节香气之区别，红绿茶一般是春茶香气高于夏秋茶，而青茶的秋茶香气比春夏茶好，所谓“春水秋香”，即青茶春天的茶水浓而秋天的茶香高。

**地域香：**即茶叶产地赋予茶叶的地方特有香气，如不同地区的是炒青绿茶就有嫩香、兰花香、熟板栗香等。红茶则有蜜香、橘糖香、果香和玫瑰花香等。

**附加香：**指茶叶外源添加的香气，如用茉莉花、珠兰花、白兰花、桂花等窨制的花茶。附加香使茶叶不仅具有茶叶香，而且还引入花香。

**②高低**

香气的高低有以下六个等级：浓、鲜、清、纯、平、粗。

**浓：**香气高，有活力，刺激性强。

**鲜：**如呼吸新鲜空气，有爽快感。

**清：**清爽新鲜之感，其刺激性有中弱和感受快慢之分。

**纯：**香气一般，无异杂气味，感觉纯正。

**平：**香气平，无异杂气味。

**粗：**感觉糙鼻，有时感到辛涩，都属粗老气。

**（2）滋味**

茶作为饮料，滋味的好坏直接影响到其饮用价值。

茶汤滋味与汤色、香气密切相关，一般汤色深的，香气高，味也厚；汤色浅的，香气低，味也淡。辨别滋味先要看其是否正常，正常的滋味需区别其浓淡、强弱、鲜爽、醇和，不正常的滋味是入口后化不开的苦、涩、粗、异。

**纯正：**品质正常的茶类应有的滋味。

**浓淡：**浓——茶汤中浸出的内含物质丰富，进口能感到味厚。淡——茶汤中浸出的内含物质少，味淡薄。

**强弱：**是指茶汤进口即感受到的刺激性强弱。如大叶种绿茶、红茶滋味较强；小叶种绿茶、红茶滋味的刺激性相对弱些。

**鲜爽：**感觉新鲜、爽口。滋味与香气常联系在一起，在尝味时可嗅到香气。

**醇和：**醇表示茶味尚浓，回味也爽，但刺激性欠强。和表示茶味淡，物质不丰富，刺激性弱，滋味正常可口。

**（3）汤色**

**①色度**

茶汤颜色除与茶树品种、环境条件和鲜叶老嫩有关外，还与鲜叶加工方法有关，加工技术有问题也会出现不正常的汤色。

辨别汤色主要区分正常色、劣变色和陈变色。

**正常色：**指正常加工条件下，各茶类冲泡后应该呈现出的汤色。如绿茶汤色黄绿；红茶汤色红艳；青茶汤色橙黄；白茶汤色浅黄；黄茶汤色黄亮；黑茶汤色橙红等。应在正常汤色中区别色泽深浅，而汤色的深浅，只能是将同地区的同茶类作比较。

**劣变色：**由于鲜叶采运、摊放或初制不当等造成变质，汤色不正。如鲜叶处理不当，制成的绿茶轻则变黄，重则变红；绿茶如干燥炒焦，则茶汤黄浊；红茶如发酵过度，则茶汤会深暗等。

**陈变色：**陈化是茶叶特性之一，在通常条件下储存，随着时间延长，陈化程度会加深。如果初制时各工序不能持续，杀青后不及时揉捻，揉捻后不及时干燥，会使新茶制成陈茶色。绿茶的新茶汤色绿而鲜明，而陈茶则灰黄或枯暗。

**②亮度**

即茶汤亮暗程度。凡茶汤亮度好的，品质亦好。亮度差的品质次。

**③清浊度**

清——指汤色纯净，清澈透明。浊——指汤不清，或汤中有沉淀物或细小悬浮物。劣变或陈变产生的焦、酸、馊、霉、陈的茶汤，混浊。

鉴别茶汤的清浊度需要注意的是，浑汤中有两种情况比较特别：一是红茶的“冷后浑”，它是因咖啡因和多酚类物质结合造成的，溶于热水，而不溶于冷水，所以红茶茶汤冷后会产生“冷后浑”现象，这并非品质差。二是茶叶细嫩多毫，如高级碧螺春、白毫银针，其茶汤中往往悬浮许多茸毛，造成汤色不清，这反而是品质好的表现。

**（4）叶底**

干茶辨别时，因茶叶已经经过揉捻工序，形成针形，所以很难看出茶叶鲜叶时的形状。但因干茶冲泡时会吸水膨胀，芽叶摊展，叶质老嫩、色泽、匀度和鲜叶加工合理与否，均在叶底中暴露无遗。辨别叶底时主要依靠视觉和触觉，来观察叶底的嫩度、色泽和匀度。

**① 嫩度**

以芽与嫩叶含量比例和叶质来衡量。一般以芽含量多、壮实而长的为好。但品种和茶类不同，要求也不同，如碧螺春茶细嫩多芽，其芽细而短茸毛多。叶质老嫩可以从软硬度和有无弹性来区别。手指压叶底柔软，放手后不松起的嫩度好，叶肉厚软为上，软薄者次之，硬薄者差。

**② 色泽**

主要看色度和亮度，其鉴别之法与干茶色泽的分辨类似。绿茶叶底以嫩绿、黄绿、翠绿明亮者为优，暗绿带青或红梗、红叶者次。红茶叶底以红艳、红亮为优，红暗、乌暗、花杂者差。

**③ 匀度**

叶底老嫩、大小、厚薄、整碎和色泽均匀一致。

通过上述八项辨别内容，基本可以对茶进行较为客观的评判。而鉴别之真伪即需通过以上八项，对所喝之茶进行对比性评判，以求分辨真伪优劣。

## 4. 其他

### （1）新茶与陈茶

新茶与陈茶是相比较而言的，在习惯上，将当年加工的茶叶，称为新茶。而将上年甚至更长时间采制加工而成的茶叶，即使储存较好，茶性良好，也统称为陈茶。陈茶在贮藏过程中由于氧化作用，茶叶的色香味发生转化，当这种转化达到最佳状态后开始下降，当到一定程度，茶叶色泽变暗，滋味变平和，失去新鲜感，并带有“陈”的气味，这种茶就叫陈茶。

色泽上，茶叶在贮存过程中，由于受空气中氧气及光的影响而发生氧化作用，使构成茶叶色泽的一些色素物质发生缓慢的自动分解，从而使陈茶的茶叶外表和茶汤颜色会比新茶更灰暗。

滋味上，陈茶茶叶中酯类物质经氧化后产生了一种易挥发的醛类物质，或不溶于水的化合物，使得可溶于水的有效成分减少，从而使茶叶滋味由醇厚变淡薄；同时又由于茶叶中氨基酸的氧化和脱氧，脱羧作用的结果，使茶叶的鲜爽味减弱变滞钝。

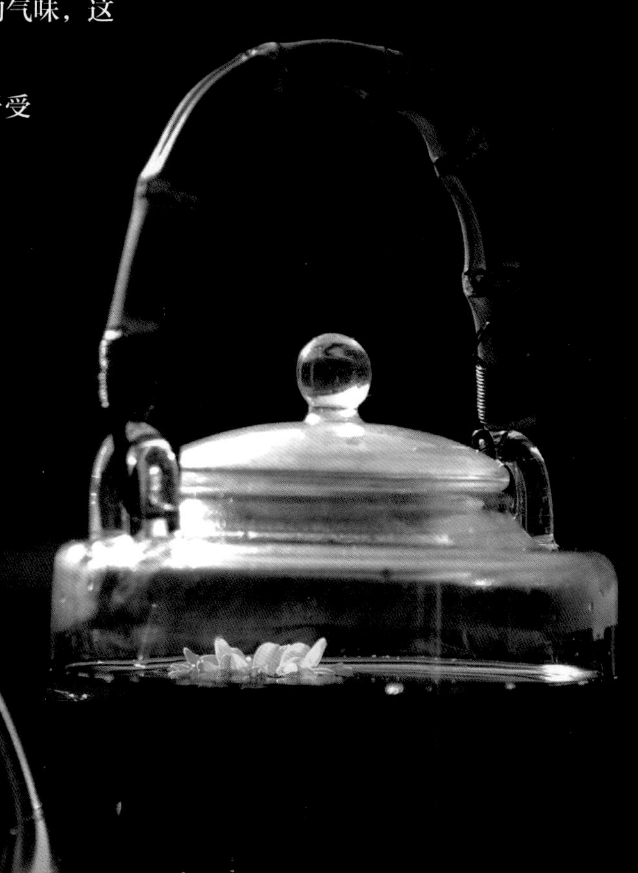

香气上，陈茶由于香气物质的氧化、缩合和缓慢挥发，使茶叶由香味清香变得低浊。

**（2）春茶、夏茶、秋茶**

通常春茶是指当年五月中旬之前采制的茶叶；夏茶指六月至八月采制的茶叶；秋茶一般指九月初以后采制的当年茶。因茶树生长受到一年四季内气温、雨量、日照等季节气候，以及茶树自身营养条件的影响，所以各季节加工而成的茶叶其自然品质也就有所差别。

对于绿茶而言，春季温度适中，雨量充沛，加上茶树经头年秋冬两季的休养生息，使得春梢芽叶肥壮，色泽翠绿，叶质柔软，芽毫多，营养物质丰富。夏季茶树新梢芽叶生长迅速，使得能溶解于茶汤的浸出物含量相对减少，特别是氨基酸及全氮量减少，滋味和香气都不及春茶。但花青素、咖啡因、茶多酚含量比春茶高，此时紫芽叶增加，成茶色泽不一，滋味较为苦涩。秋茶气候条件介于春夏之间，茶树经春夏两季生长、采摘，新梢内含物质相对减少，叶张大小不一，叶底发脆，叶色泛黄，茶叶滋味香气比较平和。我国红绿茶一般是春茶香高于夏秋茶，秋茶香气又比夏茶好，但大叶种红茶的香气则是夏秋茶比春茶好。

在茶叶鉴别上，可以通过干香，即从茶叶的外形、色泽、香气上加以判断。凡红茶、绿茶条索紧结，珠茶颗粒圆紧，红茶色泽乌润，绿茶色泽绿润，茶叶外形肥壮重实，或有较多毫毛，香气馥郁，都是春茶品质特征。凡红茶、绿茶条索松散，珠茶颗粒松泡，红茶色泽红润，绿茶色泽灰暗或乌黑，茶叶轻飘宽大，嫩梗瘦长，香气略带粗老者，则是夏茶。凡茶叶大小不一，叶张轻薄瘦小，绿茶色泽黄绿，红茶色泽暗红，茶叶香气平和，则多是秋茶。如偶尔有近似绿豆的茶树幼果夹杂在茶叶中，即可判断为春茶。

除干香外，也可通过开汤后闻香、尝味、看叶底来进一步判断。冲泡时茶叶下沉较快，香气浓烈持久，滋味醇厚；绿茶汤色绿中透黄，红茶汤色红艳显金圈；茶底柔软厚实，正常芽叶多，叶张脉络细密，叶缘锯齿不明显者，为春茶。冲泡时茶叶下沉较慢，香气欠高；绿茶滋味苦涩，汤色青绿，叶底中夹有铜绿色芽叶；红茶滋味欠厚带涩，汤色红暗，叶底较红亮；不论红茶还是绿茶叶底均显得薄而较硬，对夹叶较多，叶脉较粗，叶缘锯齿明显为夏茶。凡香气不高，滋味淡薄，叶底有铜绿色芽叶，叶张大小不一，对夹叶多，叶缘锯齿明显的当属秋茶。

“物无定味，适口者珍。”哪款茶适合自己还需您亲自品味。

## （三）投茶量和投茶法

### 1. 投茶量

正确的投茶量，可以使茶汤的色、香、味更好地呈现。

投茶量一般分为两种——茶叶审评时的投茶量、品饮时泡茶的投茶量。

#### （1）茶叶审评时的投茶量

茶叶审评法是专业评茶员在对茶叶的品质界定时所使用的泡茶方式。在茶叶审评时，一般投茶量为3克，用沸腾的开水浸泡5分钟（少数茶叶，如乌龙茶5克投茶量，浸泡3分钟），通过提高茶汤浓度，放大茶叶的优缺点来鉴别茶叶品质。此法并不适合日常品饮。

#### （2）品饮时泡茶的投茶量

为品饮茶汤泡茶时，投茶量没有统一规定，只有经过长时间实践后，相对而言茶汤表现最好时的投茶量（或者说茶、水比）。具体泡茶时，应根据饮茶人的口味适当调整。

**①绿茶、黄茶、花茶适宜的投茶量**

冲泡绿茶、黄茶、花茶时，茶水之比为1：50，就是3克茶量用150毫升水量，此时茶中营养物质浸出比例最高，因此宜用200毫升大小的杯、碗，用3克茶量，加150毫升水，冲水到七分满。

**②白茶、红茶适宜的投茶量**

白茶、红茶沏泡时茶水之比为1：35左右。一般用干茶置放在泡茶器具中的比例来测算，如松展自然的白茶，投茶量为三分之二壶（或小盖碗）。条形红茶为三分之一到二分之一壶（或小盖碗），或是4克投茶量用150毫升水量。

**③乌龙茶、黑茶适宜的投茶量**

乌龙茶、黑茶沏泡时，茶水之比为1：20，如颗粒型乌龙茶，置放量为三分之一壶（或小盖碗），条形乌龙为二分之一到三分之二壶（或小盖碗）。就是7克茶量用150毫升水量，此时茶中营养物质浸出比例最高，但由于个人饮茶习惯不同，即浓淡要求不同，因此，茶水之比还需因人而异，根据个人的习惯增减。

### 2. 投茶方式

冲泡时的技法，需要关注投茶及注水。

通常在投茶时，投茶方式可以分为三种：上投法、中投法、下投法。

**①上投法**

先将杯子内注水至7分满，然后拨入茶叶，再倾斜杯身缓缓旋转两圈，让茶和水充分融合，静待1分钟，即可品饮。

上投法主要是冲泡细嫩绿茶，细嫩的茶叶是茶树上刚刚生长出的新梢，通常是单芽或者一芽一叶，珍贵且几乎没有防御力，需要避免水直接冲击茶身带来的物理伤害。比如贵州都匀毛尖、洞庭碧螺春等嫩度较高的绿茶都应用上投法冲泡。

**②中投法**

中投法（先水后茶，再添水）：杯子内注水至3分满，然后拨入茶叶，再倾斜杯身缓缓旋转两圈。茶浸入水后，高冲注水至7分满，此时茶叶随水翻腾起舞，茶香弥漫。

中投法主要冲泡较细嫩且高香的绿茶，因细嫩且高香的茶叶，经不得高温热力和水冲击的伤害，但是又需要温度来激发茶中的香气，所以采用“水–茶–水”的投茶顺序。先水后茶，保护茶叶不受热力的伤害，二次高冲注水，激发茶香。龙井、信阳毛尖适用此法。

**③下投法**

下投法（先茶后水）：将茶先投入茶器，提壶高冲注入水，茶叶随着水柱翻滚并舒展，然后倾斜杯身缓缓旋转两圈，即可品饮。

下投法主要是冲泡茶叶外形圆结紧实，通常是一芽二三叶或者全是叶料，这类茶叶营养物质内敛。这样的茶要用沸水来浸提它的内含物，同时利用热水注入时的冲击力激发它的内含物扩散。适用此法的茶叶有太平猴魁、六安瓜片等。

# 二、鉴水、用水

## （一）鉴水

“水为茶之母”，所谓：“八分之茶，遇十分之水，茶亦十分矣；八分之水，试十分之茶，茶只八分耳。”在泡茶时，茶寄于水，方显其味，精茗蕴香，借水而发，好茶无好水难得其真味，唯有与真水融合，才能喝出茶最美的境界。

### 1. 古人鉴水

古人对水的选择十分讲究，陆羽《茶经·五之煮》云：“其水，用山水上，江水中，井水下。其山水，拣乳泉、石池，漫流者上……”指出泡茶用泉水为上，且泉水有要取涓涓流动的活水才更为上品。唐代张又新的《煎茶水记》是一部讲述煎茶用水的专门著作，论述了陆羽、刘伯刍和张又新对煎茶用水的看法，并提出了水分七等的结论。宋徽宗《大观茶论》中对陆羽的观点又有所发展和更正：“水以清轻甘洁为美，轻甘乃水之自然，独为难得。古人品水，虽曰中泠、惠山为上，然人相去之远近，似不常得，但当取山泉之清洁者。其次，则井水之常汲者为可用。若江河之水，则鱼鳖之腥、泥泞之汙，虽轻甘无取。”无论观点如何，都强调了水质在茶的沏泡中的重要性。

徽宗点茶，乾隆称水，妙玉取雪。视茶如命的乾隆皇帝曾下令制作称水的银斗，称量全国各大名泉的质量，京师玉泉山水连斗重一两，济南珍珠泉则重一两二厘，扬子江金山水重一两三厘，惠山泉、虎跑泉均比玉泉重四厘，平山泉比玉泉重六厘，清凉水、白沙、虎丘及西山碧云寺泉水均比玉泉重一分。乾隆认为，玉泉山玉泉水水轻质优，淳厚甘甜，特钦定为宫廷用水，赐封天下第一泉，并题字“玉泉趵突”。为此，乾隆皇帝还亲自撰写《御制天下第一泉记》。

可见，古人以活水为贵，“水不问江井，要之贵活”；以水质清、甘美为好。更讲究者，用天泉、天水（露水）、秋雨、梅雨、敲冰等水煮沸泡茶，但这一般难以做到。

### 2. 现代鉴水

现代泡茶用水种类繁多，但好水的标准与古人类似，对水质的追求更高。

现代鉴水，应从水质的清、活、轻，水味的甘、洌这五个方面来判断。

**清：**茶叶用水以清为本，水质清澈、透亮才能凸显茶之本色。

**活：**指有源头流动之水，活水流动，不易腐朽，更具活力。

**轻：**指分量轻，水中的钙、镁离子等矿物质含量较少。现代科学分析认为，每升水含8毫克以上的钙、镁离子称之为硬水，反之则为软水。泡茶宜用软水，硬水泡茶后口感较差，茶汤苦涩。

**甘：**指水入口后给人甘甜的感觉。“泉惟甘香，故能养人”。

**洌：**指水入口后的清凉感，“泉从石出清宜洌，茶自峰生味更圆”。

现代用水种类丰富，但因环境污染等因素，个人已很难独自在自然环境中取到符合饮用安全的山泉、江河水、雪水及雨水了。现在人们对于水有很多选择，水的名称也多种多样：软水、硬水、自来水、纯净水、蒸馏水、矿泉水、山泉水、井水、地下水和地表水等，但用于泡茶时，还是有很多讲究的。

#### （1）天水

大自然雨水、雪水、露水等被称之为“天水”，自古以来就作为泡茶之水。《红楼梦》中的妙玉用鬼脸青藏着梅花萼上的雪水用以煮茶就是传说一例，只有艺术作品中的她才能有此闲情逸致。

#### （2）地水

山泉水、溪水、江河湖泊之水及地下水等称之为“地水”。山泉水是公认的最适合泡茶的美水，不仅清澈甘洌，还含有对人体有益的无机盐。江河湖泊之水多属地表水，现今受到不同程度的污染，因有损于茶味而不适合泡茶。

#### （3）软水

“软水”是指每升水中钙、镁离子的含量不到8毫克的水。在无污染的情况下，自然界的雪水、雨水及露水才称得上是天然软水。此水含其他溶质少，茶叶的有效成分溶解度高，所以益于泡茶。

#### （4）硬水

每升水中钙、镁离子的含量超过8毫克即“硬水”。江河湖泊水、井水等属于硬水。因含有较多钙离子、镁离子和无机盐，用其泡茶茶叶中有效成分的溶解度会变低，茶味显淡或苦涩风味不佳。

如今泡茶用水多用纯净水、矿泉水或经过沉淀、过滤后的自来水。有人讲究用弱酸性水（pH值约为6）泡茶，实际上不具备普遍性。酸性水会破坏茶红素，使得茶色变黑，而碱性水泡茶会使茶叶中的茶多酚分解，使得茶色变深。

自来水因含有氯气等物质，水质较硬，直接用来泡茶会影响茶汤的滋味和香气，特别是用久滞管道中的水泡茶，会使得茶汤口感钝滞、汤色暗淡。而将自来水放置一夜，待其氯气挥发后，再取水泡茶，基本可以确保茶叶的本色、本香、本味。而优质的矿泉水及纯净水，均较为适宜泡茶。尤以当地水泡当地茶更为适宜。如杭州西湖龙井茶，最宜用杭州虎跑泉水沏泡，二者也被称为“双绝”。

## （二）用水

泡茶中煮水、注水、出汤，看似简单的三步。但水温失之毫厘，茶味谬之千里。古人论茶必论煎水，水的温度、注水量及泡茶时间决定了泡茶的成败。

### 1. 泡茶水温

泡茶就是要通过水的冲泡将茶质从茶叶中浸出，而茶叶的品种、老嫩、发酵程度甚至是产地海拔高低都各有不同，因此，需要用不同的水温去冲泡，才能泡出具有好的香气、色泽的茶来。未开、久开之水均会对茶的口感产生影响。

唐·陆羽的《茶经》中即对煮水的基本原则进行了记载：

**一沸：**当水如鱼目，微微有声时；（水太嫩）

**二沸：**缘边如涌泉连珠；（正正好）

**三沸：**势若奔涛、腾波鼓浪。（水太老）

现代因各大茶类的制作工艺不同，不同种类茶叶冲泡的水温亦须有差异。绿茶水温最低，黄茶、白茶、红茶、花茶次之，黑茶、乌龙茶水温最高。一般来说，嫩芽茶水温低一些，大叶、老叶茶则水温要高。

**绿茶冲泡：**用85℃左右的水慢慢将茶叶浸润，让其自然舒展，内含物质缓慢释放。切忌用开水猛烈冲击，破坏绿茶的鲜爽。

**黄茶冲泡：**冲泡前，须用开水预热茶杯，并将残留的水分擦去，避免茶芽吸水无法竖立。冲泡时，可先注90℃水至半杯处，使茶芽完全吸水，然后将水冲至七八分，盖上盖，等待约2分钟，即可观赏茶芽“三起三落”的景观。

**白茶冲泡：**白毫银针和白牡丹，为了保持其鲜甜的口感故不能用沸水，一般以90℃水温冲泡为宜；贡眉和寿眉则可用95℃水温冲泡，存放了5年以上的老白茶，不仅可以用沸水冲泡，还可以水煮饮用，冲泡5泡以后，便可放入煮茶壶，按个人口味调整煮茶时间。

茶烟

**红茶冲泡：**冲泡红茶的适宜水温为92℃。红茶是全发酵茶，如果冲泡不当很容易出现酸涩味，甚至产生苦味。

**乌龙茶冲泡：**乌龙茶需要用92℃水温冲泡，冲泡的技巧讲究高冲低斟，最大限度保持茶香茶味。

**黑茶冲泡：**黑茶要提前醒茶，可以发散一些异杂气味，提升香气。黑茶较老，宜用沸水冲泡，也可煮饮。

### 2. 注水量和注水方式

#### （1）注水量

正确的茶水比例，可以使茶汤的色、香、味更好地呈现。（以克、毫升为例）

绿茶：茶与水的比例1：50。

白茶：茶与水的比例1：30。

黄茶：茶与水的比例1：50。

乌龙茶：茶与水的比例1：20。

红茶：茶与水的比例1：50。

黑茶：茶与水的比例1：20。

#### （2）注水方式

正所谓“香靠冲，汤靠吊”，冲泡注水方式在泡茶中也很关键，注水手法则常见的有四种：高冲、高吊、低冲、低吊。

注水点的选择对茶汤的呈现也有很大作用，常见的有：螺旋形注水、环绕注水、单边定点注水、正中定点注水。

**螺旋形注水：**适合红茶和绿茶，以及白茶。或者泡到后期，滋味比较淡了，需要茶汁尽快浸出的。

**环绕注水：**适合嫩度比较高的绿茶。

**单边定点注水：**适合需要出汤很快的茶，或者碎茶。

**正中定点注水：**适合香气比较高的茶

## （三）水与茶共处时间

冲泡时间要根据实际投茶量、水温、水量、器具、冲泡方式和各人口感而定。

泡茶时间总的规律为：投茶量大、水温越高，冲泡时间宜稍短一些，反之则长一些。泡茶时要随时观察汤色及口感，以便调整随后几泡的出汤时间，浓则缩短，淡则延长。

泡茶时间也是个因人而异的变量，需要积累经验，根据饮茶的人需求调整。每个人口感各不相同，喝茶多、久的人，茶大多会泡得时间长一点、茶汤味道弄一点，典型的如茶农。

一般情况下，使用盖碗或茶壶进行冲泡时，不同茶类冲泡的水温、茶水比、冲泡时间分别如下：

**绿茶：**水温85℃左右，茶与水的比例1：50，第一泡30秒出汤，二、三泡逐步延长10秒冲泡时间，四、五泡逐步延长30秒冲泡时间。

**白茶：**水温90～95℃，茶与水的比例1：35，第一泡30秒出汤，二、三泡逐步延长10秒冲泡时间，四、五泡逐步延长30秒冲泡时间。

**黄茶：**水温85～90℃，茶与水的比例1：50，第一泡30秒出汤，二、三泡逐步延长10秒冲泡时间，四、五泡逐步延长30秒冲泡时间。

**乌龙茶：**水温100℃，茶与水的比例1：20，第一、二、三泡30秒出汤，四、五、六泡逐步每泡延长10秒冲泡时间。

**红茶：**水温88～92℃，茶与水的比例1：50，第一泡20秒出汤，二、三泡逐步延长10秒冲泡时间，四、五泡逐步延长30秒冲泡时间。

**黑茶：**水温100℃，茶与水的比例1：20，第一、二、三泡25秒出汤，四、五、六泡逐步每泡延长10秒冲泡时间。

## （四）出汤方式

因茶叶和冲泡器具不同，为保持茶汤浓度前后一致，应根据具体情况选择适合的出汤方式。出汤方式有两种：留根法、沥净法。

**①留根法**

适合两种情况：

一是用杯泡或者大壶冲泡时。

二是冲泡滋味较淡的茶叶，如绿茶、白毫银针等鲜嫩的新茶时。

**②沥净法**

适合两种情况：

一是使用小茶壶和小盖碗。

二是冲泡味浓而浸出较快的茶叶，如红茶、熟普等，使用工夫茶泡法需要把茶汤倒尽。尤其是红茶，如果闷泡太久会出现酸涩味。

# 三、择具与用具

器为茶之父。所谓“工欲善其事，必先利其器”。根据茶性，灵活地配备适当的茶器，能够更好地激发出茶的味道，同时能体验到更好的观赏性。

唐宋以来，随着茶的烹试之法不断变化，茶具也不断变化，总体趋势是不断简化。陆羽《茶经》中将茶具分为8大类，包括生火用具、煎茶用具、碾茶具和炙茶具、盛茶用具、洗涮用具、茶器储存用具等24种，29件茶具。到了明代，高濂的《遵生八笺》中就只列了16种器具。而稍晚于高濂的张谦德在其所著《茶经》种就只记录茶焙、茶笼、汤壶、茶壶、茶盏、纸囊、茶洗、茶瓶、茶炉这9种器具了。

## （一）常见茶器

白居易《睡后茶兴忆杨同州》中已提到茶器“此处置绳床，旁边洗茶器”。到了宋代及以后，“茶具”“茶器”在诗词字画中就更是多见。

唐代以后的各个时期都不缺乏饮茶和茶具发烧友，北宋蔡襄的《茶录》中有泡茶器一篇，南宋茶人审安老人更是在《茶具图赞》中绘制了茶具样式，并给每种茶具任命了官职、定了雅号，称茶具为“十二先生”。明野航道人长洲朱存理题《茶具图赞序》：“愿与十二先生周旋，尝山泉极品，以终身此闲富贵也”。

清代沿用明代的茶具，种类上更为齐全，著名的潮汕工夫茶茶具便产生、完善于清代。

### 1. 工夫茶四宝

若琛瓯、玉书碨、潮汕炉、孟臣罐并称为岭南工夫茶之“烹茶四宝”，缺一不美，相得益彰。

**若琛瓯：**素以“小、浅、薄、白”为特色，小则一饮而尽，浅则不留茶底，薄则助泛清馨，白则易显汤色。

**玉书碨：**又名砂铫，乃长柄陶壶，用于烧水，容量约半斤，既沸，盖必噗噗作响，若发泡茶之唤，今多改用不锈钢或玻璃壶。

**潮汕炉：**烧水之火炉，小巧玲珑，以木炭作燃料；近来亦少用，而被电磁炉取代。

**孟臣罐：**紫砂茶壶，产自江苏宜兴，以小为贵；孟臣即惠孟臣，明末清初著名壶匠，所制壶底多镌诗句，配“孟臣”铭文。

### 2. 常用茶具

清代后，我国茶叶中的六大茶类基本形成，各类茶因外形、滋味、香气、汤色不同而形成了各自的沏泡方法，也逐渐形成了丰富多彩的茶具种类。

根据茶具主要功能来分类，大致可分为：

**燃具：**各类煮水用燃具、电磁炉、电茶壶、酒精炉。

**储水用具：**热水壶、陶瓷缸。

**冲水用具：**主要是水壶以及带燃具的随手泡。

**泡茶用具：**各类杯子、盖碗、小茶壶、大茶壶。

**赏茶用具：**茶荷（赏茶碟）。

**弃废水用具：**水盂。

**盛放用具：**各类托盘（包括双层茶盘）。

**储茶用具：**各种质地的茶罐。

**取茶用具：**单用茶则或茶匙、茶道组合（内含茶则、茶匙、茶夹、茶针、茶漏）。

**辅助用具：**茶巾、漏网、杯托。

了解茶具在泡出最好的茶中所起到的作用，是令人兴奋的，同时也会增加对茶的热爱。譬如，尝一尝不同的茶壶烧出的水，会提高洞察力，并且会提高随后沏茶的技巧。更重要的是，应该在了解茶具功用的基础上，发现并展现茶具在沏茶时带来的美感。

现代茶具基本上还是以陶、瓷质为主，除此外还有金属材料（不锈钢、铜、铝、铁等）、玻璃、木质、竹质、纸质以及福建的脱胎漆等。茶具不但质地多样，而且造型各异，尤其是可塑性较强的陶瓷制品，不仅形状优美，外表还可以绘制花草人物等图案，更增添了茶具的艺术性。因此，各类茶具不但具有冲泡茶叶的功能，还被作为观赏性能较强的收藏品，在很多地方，尤其是茶艺馆，人们常常可以欣赏到琳琅满目的茶具品类。同样，精美的茶具也是寻常百姓喜爱的藏品。

### 3. 特色茶具

#### ①银壶

银器传热好，本身洁净无味，而且热化学性质稳定，不易锈，所以很受茶人青睐。明代许次纾《茶疏》记载："茶注以不受他气者为良，故首银次锡。"银壶除了色泽高贵、传导快速、改善水质外，最重要的是它还会释放银离子，而银离子具有较好的杀菌作用。明代李时珍在《本草纲目》中记述，银有安五脏、定心神、止惊悸、除邪气等作用。可见，以银壶沏茶，茶汤清澈芳香，健康有益。

银壶

银壶煮水

### ②铁壶

唐宋时期煮茶用铁釜，传入日本后，日江户时代，日本茶人为铁釜安上把柄和壶流，铁壶随之产生。因铁壶煮水温度高，能激发茶的香气，其特殊的铁质还能软化水质。粗糙的铸铁充满质感，饱满的器形，营造出又熟悉又陌生的美感。被明火烧撩的壶底，真实的凹凸颗粒感立即撩动人们对逝去年代的遐想，令铁壶整体散发着平衡、安静、古朴、恬静的意蕴，沉甸甸的，盛满了流走的时间。

铁壶

### ③紫砂茶具

紫砂茶具被誉为最宜茶的茶具。紫砂茶具始于北宋时期，初期的紫砂器体型大，多为日常生活用具，到明初，永乐皇帝推动了紫砂茶具的发展，其最有力的举措是下旨制造了大批紫砂僧帽壶，在其带动下，紫砂工艺很快发展起来。紫砂壶的造型在很大程度上决定了其艺术价值，它是紫砂艺人赋予泥料人文价值中的重要部分，体现了神韵和美感。紫砂泥料有多种，每种都有其独到之处。紫泥，是使用最多的一种，烧成后呈现紫红色。本山绿泥，矿石呈现青绿色，但烧成后其颜色会发生改变，呈现出黄色中透青绿色的色调。红泥，较其他颜色更有光泽。段泥，烧成后显黄色，是除紫色外较多见的泥色。

宋代的《清异录》云“富贵汤，当以银铫煮汤，佳甚，铜铫煮水，锡壶注茶次之。”到了明代冯可宾《岕茶笺》则认为“茶壶，窑器为上，锡次之。茶杯汝、官、哥、定，如未可多得，则合适者为佳耳。或问茶壶毕竟，宜大宜小？茶壶以小为贵。每一客，壶一把，任其自斟自饮，方为得趣。”可见当时以紫砂为代表的茶具，已得到文人的肯定，并取代了银器、铜器的地位。

茶具选用以合适者为佳，而茶壶宜小为佳，因体形小能使其“香不涣散，味不耽搁”。

紫砂壶

瓷茶具

### ⑤ 瓷茶具

泥土养育的茶树，人们采下茶树的叶子制成了茶叶，泥土又被人手团和揉捏成坯，在火中练成身骨硬朗的茶具。瓷器是从陶器的基础之上发展起来的，宋代五大名窑举世闻名。到明代时期，景德镇瓷茶具声名鹊起，青花瓷烧造工艺成熟，在瓷器上用彩绘装饰的手法替代了刻画。青花瓷的生产成了主流。“青花”逐渐成为中国的文化符号。青花瓷工艺有手绘、贴花和印花三大类，青花瓷发烧友更爱手绘的青花，画面疏密浓淡，生动活泼，每一件都是唯一孤品。

除青花瓷茶具外，各种精美的颜色釉瓷器、彩瓷茶具都令人目不暇接、叹为观止。

⑥ **建盏**

建盏在宋代风靡一时，“兔毫紫瓯新”“忽惊午盏兔毫斑”“建安瓷盌鹧鸪斑”“松风鸣雷兔毫霜”“鹧鸪碗面云萦字，兔毫瓯心雪作泓”“鹧鸪斑中吸春露”均为称颂建盏的诗句。日本僧侣在中国天目山留学，回国时带走不少建盏，称“天目盏”，这是中国陶瓷及茶具中永恒的经典，流传至今的三件宋代“曜变”天目建盏甚至被日本人奉人“国宝”。

现在，经过工艺师的艰苦努力，仿照宋代建盏烧制的黑釉盏重现古韵，为茶席增添了别样的美感和韵味。

## （二）器色与汤色

宋代时茶具多用茶盏。宋代蔡襄《茶录》所述：“茶色白，宜黑盏，建安所造者，绀黑，纹如兔毫，其坯微厚，熁之久热难冷，最为要用。出他处者，或薄或色紫，皆不及也。”宋徽宗《大观茶论》中亦有云：“盏色贵青黑，玉毫条达者为上，取其焕发茶采色也。”

因宋代点茶以白色为佳，如《大观茶论》所述：“点茶之色，以纯白为上真，青白为次，灰白次之，黄白又次之。”且要观察“水脚”“咬盏”，故需要黑盏来映衬其汤色。且点茶颇费时间，因此需要茶盏相对厚实，以便保温。

至明代散茶大兴以后，因泡茶方式由点茶法改为用条形散茶直接用水冲泡，茶具因此进行了一次重大的变革。明代文震亨《长物志》记载：“宣庙有尖足茶盏，料精式雅，质厚难冷，洁白如玉，可试茶色，盏中第一。”可见明宣宗时期，茶盏已由黑釉瓷变为白瓷、青花瓷茶盏，以便观赏茶汤的颜色。

建盏

白瓷茶具可以直观地看到茶汤的颜色，冲泡各种茶叶都十分适合，因此大多品杯内壁或整体都施白釉。对于一些茶汤色明亮美丽的，如绿茶、乌龙茶、红茶等，白瓷茶杯最能呈现其本色的美。而对于重在品赏滋味的茶类，如黑茶、老白茶等，茶杯的釉色就可以有多种选择。

## （三）器质与茶类

以器助茶，不同材质的茶具可以衬托不同茶的特色。

**绿茶：**绿茶的特征是叶绿汤清，冲泡时宜选择壁薄、易于散热、质地致密、孔隙度小、不易吸香的茶具，如玻璃杯、薄胎瓷质茶具等。

**红茶：**红茶的特征是叶红汤红，红茶宜用白瓷和玻璃茶具，便于观察其红艳的汤色，用白瓷杯还能欣赏优质红茶的“金圈”。

**白茶：**新白茶宜选择瓷器冲泡，以凸显其鲜，而老白茶用陶壶煮饮更够味。

**青茶：**青茶高香，宜选择瓷质薄胎盖碗或紫砂壶冲泡，小杯品饮，方能凸显其高扬的香气。

**黑茶：**黑茶可冲泡也可煮饮，用陶制茶具能消除杂味，更突出其陈醇的韵味。

**花茶：**用玻璃茶壶可以观赏花茶在壶中的美感。

## （四）饮茶人与茶具

数百年来，茶具一直是表现茶道艺术的主要方式和媒介。种类众多的茶杯、茶罐、茶壶和各种器皿，成就了成千上万或知名或不知名的艺术家，他们使用各种不同的媒介来捕捉对于茶的理解。书法、绘画、制陶、冶金，艺术家们找出各种方式来提升茶道之美。

如果茶具是真正的茶具，那么，在这超越形式、超凡脱俗的纯粹艺术中，鉴赏人会从一件件中找到它与平凡世界的联系，甚至对平凡世界的超越。一般而言，朴素的茶碗和开水已经足够，但许多喝茶爱好者发现，随着喝茶的体验、辨别力和理解力的增长，他们总会更多地偏向简单纯粹。对茶具的认知变成了哪个杯子、哪个茶壶、哪个水壶等能提高茶的味道、质地和芳香的问题——茶具也由此变得更精致、稀有而珍贵。当然，茶具功能再完备，也无法胜过一个人的技艺和对于茶道的专注。一位深谙茶道的高手简单泡出来的茶，依然比生手用上好的茶具泡出来的茶更可口。

了解了茶具在泡出最好的茶的过程中所起到的作用是令人兴奋的，同时反过来会增加我们对茶的热爱。

# 四、饮茶与健康

茶叶中含有大量有益物质，经常饮茶有益健康。《内经》称："少饮不病喘渴。"《华佗食论》曰："苦茶久食益意思。"明代高濂《遵生八笺·饮馔服食笺》曰："人于日用养生，务尚淡薄，勿令生我者害我，俾五味得为五内贼，是得养生之道矣，余集，首茶水，次粥糜、蔬菜、薄叙脯馔醇醴、面粉糕饼果实之类，惟取实用，无事异常。"他甚至将饮茶作为饮食养生之首。

## （一）在对的时间喝适合自己的茶

不同的茶叶因为其制作工艺的不同，其对人的功效也稍有不同。

### 1. 绿茶

绿茶能清热解毒，清肝明目，生津止渴，消食化痰，宁神利尿。

**适宜人群：**适合任何年龄段，内热体质者应经常饮用。另外，青年人和经常接触有毒物质的人、办公室经常使用电脑的人、脑力劳动者、军人、驾驶员、运动员、歌唱家、演员等宜多喝绿茶。

**不适宜人群：**寒性体质者、脾胃虚寒者、胃溃疡患者、对茶过敏者、神经衰弱者不宜多喝。

**适宜季节：**夏季。

**适宜时辰：**每日上午。

### 2. 白茶

白茶具有健胃提神、祛湿退热、防暑解毒、治牙痛、解烟毒的显著功效。

**适宜人群：**适合各类人群饮用。

**不适宜人群：**体质寒凉者、神经衰弱者不宜大量饮用新白茶，但可饮用陈年老白茶。

**适宜季节：**夏季、秋季。

**适宜时辰：**每日上午或午后。

### 3. 乌龙茶

乌龙茶可清除体内余热，滋润肺腑，具有降血脂、减肥、抗炎症、抗过敏、解烟酒毒、防蛀牙、美容、延缓衰老等作用。

**适宜人群：**任何年龄段及平性体质的人。

**不适宜人群：**轻度氧化或清香型乌龙茶不适合体质寒凉及胃肠不适者大量饮用。

**适宜季节：**秋季。

**适宜时辰：**每日上午或午后帮助胃肠消化、增强食欲、暖胃健脾。利尿、消除水肿，有效强健心肌功能。

### 4. 红茶

红茶抗菌能力非常强，用红茶漱口可预防病毒性感冒，并预防蛀牙与食物中毒。

**适宜人群：**胃凉、虚寒体质者；老人、小孩、女性；心脑血管疾病患者；身体虚弱不适或脾胃虚寒者；消化不良及食欲不振者。

**不适宜人群：**无。

**适宜季节：**冬季。

**适宜时辰：**每日午后。

### 5. 黑茶

黑茶温脾暖胃，增强肠道功能，能帮助降脂，生津止渴，消食化痰。

**适宜人群：**适合任何人群，尤其是虚寒体质的人、肥胖者和“三高”患者。

**不适宜人群：**无。

**适宜季节：**冬季。

**适宜时辰：**每日下午或饭后。

### 6. 茉莉花茶

茉莉花有“理气开郁、辟秽和中”的功效，可提神解郁、消除春困。并对痢疾、腹痛、结膜炎及疮毒等具有很好的消炎解毒的作用。

**适宜人群：**适合内热体质的人。

**不适宜人群：**无。

**适宜季节：**春季。

**适宜时辰：**每日下午或饭后。

## （二）饮茶不宜

### 1. 不宜空腹过量饮茶或饮浓茶

空腹一般不宜过量饮茶，更不宜喝浓茶，尤其是平时不常喝茶的人空腹喝了过量、过浓的茶，往往会引起“茶醉”。

此外，饮茶不宜浓。由于浓茶中的茶多酚、咖啡因的含量很高，刺激性过于强烈，会使人体的新陈代谢功能失调，甚至引起头痛、恶心、失眠、烦躁等不良症状。

同时浓茶中含有大量茶碱，过量摄入，易造成人体内电解质平衡紊乱，进而使人体内酶的活性不正常，导致代谢紊乱，产生胃部不适、烦躁、心慌、头晕，直至站立不稳等症状，一旦发生这种情况，务必要停止饮茶，可以喝些糖水、吃些水果进行缓解。

### 2. 不能用茶水送服含铁剂、酶制剂的药物

由于茶叶中的多酚类物质会与含铁剂、酶制剂的药物成分发生化学反应，影响药效，所以，不能用茶水送服，这类药物有补血糖浆，蛋白酶，多酚片等，特别是在服用镇静、催眠类药物时，不能用茶水服用。

### 3. 女性“三期”忌饮浓茶

当妇女在孕期、哺乳期、经期时，适当饮些清淡的茶叶，是有益无害的。但“三期”期间由于不同的生理需要，一般不宜多饮茶，尤其忌讳喝浓茶。

①孕期饮浓茶，由于咖啡因的作用。会使孕妇的心、肾负担过重，心跳和排尿加快，不利于孕妇安胎静养。

②哺乳期饮浓茶，有可能产生两种副作用：一，浓茶中茶多酚含量较高，一旦被哺乳期妇女吸收进入血液后，便会产生收敛作用，以至影响哺乳期以至奶水分泌。二，浓茶中的咖啡因含量相对较高，母亲吸收后，会通过奶汁进入婴儿体内，

对婴儿起到兴奋作用，甚至引发肠痉挛，或导致婴儿烦躁啼泣。

③经期饮浓茶：茶叶中咖啡因对神经和心血管有一定刺激作用，将使经期基础代谢增高，可能会引起痛经，经血过多，甚至经期延长等现象。

### 4. 贫血患者要慎饮茶

因贫血患者身体虚弱，而喝茶有消脂、瘦身的作用。因此，也以少饮茶为宜，特别是要防止饮茶过量或饮浓茶。

### 5. 饭前忌大量饮茶

因为饭前大量饮茶，一则会冲淡唾液，二则会影响胃液分泌。这样会使人饮食时感到无味，而且会使食物的消化与吸收也受影响。

### 6. 饭后忌立即饮茶

饭后饮杯茶有助于消食去脂，但不宜饭后立即饮茶。因茶叶中含有较多的茶多酚，它与食物中的铁质、蛋白质等会发生凝固作用，从而影响人体对铁质和蛋白质的吸收。

### 7. 泡茶次数不宜过多

一杯茶，经五次冲泡后，90%以上可溶于水的营养成分和药效物质被浸出，如果继续多次冲泡，那么，茶叶中的一些微量有害元素就会被浸泡出来，不利于身体健康。

### 8. 浸泡时间过久的茶不宜饮用

所谓不喝“隔夜茶”，指的是一直浸泡茶叶的茶汤，而非出汤后的。一直浸泡茶叶的茶汤会使茶叶中的茶多酚、芳香物质、维生素、蛋白质等氧化变质变性，甚至成为有害物质。而且茶汤中还会滋生细菌，使人致病，因此，茶叶以现泡现饮为上。

### 9. 冠心病、神经衰弱、胃病患病者须视病情控制饮茶或忌饮茶

冠心病患者须视患者病情而控制饮茶。冠心病有心动过速和心动过缓之分。茶叶中的生物碱，尤其是咖啡因，都有兴奋作用，能增强心肌的机能。因此，对心跳过速的冠心病患者来说，宜少饮茶，饮淡茶，以免因多喝茶或喝浓茶促使心动过速。

神经衰弱患者要节制饮茶。一要做到不饮浓茶；二是睡前不要饮茶。因为神经衰弱的人主要是晚上失眠，茶叶中咖啡因含量较高，咖啡因是刺激中枢神经的，易使精神处于兴奋状态。

脾胃虚寒者不宜喝浓茶。《本草纲目》里写道：“茶苦而寒，阴中之阴，沉也，降也，最能降火。”总的来说，茶叶普遍性寒。尤其是绿茶，因其性偏寒，对脾胃虚寒患者不利。饮茶过多过浓，茶叶中含有的茶多酚会对胃产生刺激，影响胃液的分泌，进而影响食物消化，产生食欲不振或出现胃酸、胃痛等不适现象。所以脾胃虚寒者要尽量少饮茶，尤其不宜喝浓茶或饭前饮茶。这类患者，一般可在饭后喝杯淡茶，以性温的红茶为好。

# 第7章 泡茶重点

# 一、持拿茶具

“器为茶之父。”茶具是构成中国茶艺美学的主要元素，茶具之所以受到人们的重视，不仅是因为它影响茶汤的品质，而且茶具形态艺术之美进入了人们的精神领域，渗透着人们的审美需求。根据茶艺表演中泡茶的流程，茶具分为主泡器、置茶器、理茶器、分茶器、盛茶器、涤茶器等几种，在茶艺表演的过程中每一样茶具的持拿又有不同的手法，体现出茶艺活动的程式化之美。

## （一）主泡器的持拿

主泡器是由壶、盖碗、杯组成，它们之所以能成为主泡器与它们的结构特征有关，主要体现在器具的口和盖的设计上，口的进一步延展，分出了专用于出口“流”。一般来说，主泡器的口越大，意味着茶艺在其中的展示度越大、心的容纳度也越大。口的设计越复杂，茶艺流程的规定性就越显著，器具的专用性越强烈。盖的加入，实现了茶艺的隐约之美，并通过发挥主泡器的功能，促进茶汤滋味及香味的形成。

### 1. 壶的持拿

壶的壶型分很多种，有西施壶、掇球壶、龙蛋壶、如意壶等。不同的壶型，容量不同，壶型不同，拿壶的姿势会有所不同。

茶艺讲究美观优雅，平时我们持壶倒茶可能都是随性而为，不会太过讲究。但持壶的正确手势不仅会增加品茶时的雅致氛围，还能为泡茶增添一份色彩和乐趣。

**壶泡茶持壶的姿势大致上可以分为：**捏把、勾把、夹把、勾提把和夹提把五种。

**捏把：**中指挂住壶耳，与大拇指相互配合，向壶心的方向倾斜捏把，无名指和小指抵住壶耳下方，食指按住壶纽或壶盖。此手法一般适用于比较小的陶壶。

**勾把：**用一只手的食指、中指或更多的手指勾住壶把（看个人习惯），大拇指抵住壶把顶部。另一只手的中指和食指点住壶纽。此持壶手法一般适用于容量在400毫升以上的大壶。

**夹把：**拇指与食指夹住壶耳，剩下的三个手指做辅助，抵在壶把下方位置，并用另外一只手的食指点壶钮。此手法一般适用于容量在200~400毫升之间的中型壶。

**勾提把：**食指挂住壶耳，食指下面的三个手指并拢抵住壶把下方，用大拇指点纽或是点壶盖。

男士壶的持拿

女士壶的持拿

**夹提把**：夹提把的姿势一般用于提梁陶壶。提梁壶是指壶把在壶上方的壶，这种壶的持壶方法一般为中指和拇指持住壶把后半根部，食指抵住壶把中央，剩余的手指抵住壶把后半部下方即可。如果担心壶盖会掉的话，也可以用左手食指点住壶纽。

女性拿壶讲究优美典雅，所以拿壶的姿势要柔、要轻，但又要拿稳茶壶。所以一般女性拿壶采用的手法为：用中指勾住壶耳，拇指捏住壶把，无名指及小指自然弯曲用力，协助拿壶。食指点住壶纽。

男性拿壶的手法要比女性粗犷豪放一些，一般采用的手法为：食指和中指同时勾住壶耳，无名指和小指抵住壶把下方，大拇指点纽。

### 2. 盖碗的持拿

盖碗也称三才碗，盖为天、托为地、碗为人，寓意天地人和。其脱胎于唐代逐渐普及饮茶的专用盏，随后有了盏托，宋元沿袭，明清时期配以盏盖，形成了一盏、一盖、一托的盖碗，清雍正年间，盖碗极其盛行。盖碗既可以个人使用，也可以作为“茶壶”多人使用。持拿盖碗的手法亦有多种。

#### （1）三指法

三只手指拿捏盖碗，暂且称之为三指法。盖碗有一个盖钮，既是开盖时捏住的地方，也盖住时需要按住的地方。出汤的时候，盖子调整好合适的开口大小，食指放在盖钮上，拇指和中指抓住碗沿的两侧，无名指和小指弯曲并在中指边上，不与盖碗接触，把盖碗垂直过来，即可出汤。这种持拿盖碗的方法比较优雅，是最普遍的一种拿盖碗的方法，也是很多女性常用的手法。

三指拿捏盖碗

握碗法

（2）握碗法

握碗法需要先调整好盖子开口大小，拇指按住盖钮，其他手指贴住盖碗底部的圈足，一只手掌抓住盖碗，盖子的方向朝向自己，碗底背对自己，盖碗垂直过来，即可出汤。这种持拿盖碗的方法多在广东潮汕的部分地使用，同时也适用于男性使用盖碗，体现出男士的豪迈大气。

（3）饮用时持拿手法

将盖碗作为个人沏泡饮用的茶具端起饮用时，应左手端起盖碗底托，右手打开盖碗的盖子，盖子朝内放至鼻翼处闻香，随后欣赏茶汤的颜色、茶叶舒展的姿态，将盖子斜盖碗上，留出一道缝隙，可以出汤又可滤去茶渣，端起饮用。

饮用时持拿盖碗

### 3. 杯的持拿

冲泡绿茶时我们多会选用玻璃杯，一方面绿茶形态自然、色泽鲜绿，在水中上下起伏、缓慢舒张，养心悦目，谓之茶舞；另一方面绿茶多以茶芽为主，置于壶或盖碗中，会把娇嫩的绿茶闷熟，失去绿茶的鲜爽。在使用玻璃杯冲泡绿茶时，持拿的手法是：左手四指并拢托住杯底，大拇指微微抬起压在杯底左侧，右手握住杯体下三分之一处，右手不宜握在杯口的位置，保持杯子上三分之一净度。

品饮时持拿方法：一种称为“三龙护鼎”，虎口分开，拇指和食指夹住杯身，中指托住杯底，无名指和小拇指自然弯曲、并拢，与中指靠拢。另一种适用于女性，一只手虎口分开，食指、中指、无名指和小指自然弯曲，握住杯身，另一只手中指指尖托住杯底。

杯的持拿

## （二）置茶器、理茶器的持拿

茶仓、茶荷是放置茶叶的器具，我们称之为置茶器；茶匙、茶则、茶夹、茶针、茶漏五种茶具放在茶筒中，称之为茶道组。

茶仓，长期存放茶叶的器具。因为茶叶极易吸湿受潮而变质，所以茶叶罐的选用特别重要，一般材质有锡质、铁质、陶瓷、玻璃、纸质等，以选用双层盖的铁制茶罐和长颈锡瓶为佳，用陶瓷器贮存茶叶，则以口小腹大者为宜。茶艺表演活动中持拿茶仓时，应双手持拿，置于身体正前方，左手握底部，右手开盖，将盖口朝上放在茶巾之上，保持干爽洁净，取置完茶叶后，右手持盖放在茶仓口，双手握茶仓，双手食指放在茶仓盖上向下压，盖紧茶仓盖后放归原位。

茶荷，是盛放待泡干茶的器皿，形状多为有引口的半球形，用以确定茶艺用量，观赏干茶外形，闻干茶香。茶荷通常用竹、木、陶、瓷、锡等制成。茶艺表演活动中，茶荷应双手持拿，置身体正前方，左手握住茶荷，右手挡住开口处防止茶叶掉落，赏干茶、闻茶香，拨取时一般左手握茶荷，右手持茶匙。

茶道组中置茶器具分别是茶则、茶匙、茶漏、茶夹和茶针。茶则是由茶叶罐中取茶放入壶中的器具，一般多为竹制品；茶匙辅助茶则，将茶叶由茶则中拨入壶中；茶漏用来放置壶口上以导茶入壶，防止茶叶因壶口过小而外溢；在福建沏泡乌龙茶时，用茶夹来夹闻香杯和品茗杯，在涤器时也用茶夹将茶渣自茶壶中夹出。茶针则用来疏通茶壶的内网，保持水流畅通。置茶器取拿时，一般用右手，大拇指和中指握住置茶器下部，食指压住，保持持拿的稳定性和美观性。

## （三）分茶器、盛茶器的持拿

分茶器即公杯，又称公道杯。公杯分茶，每只茶杯分到的茶汤分量相同、浓淡相同，以示一视同仁，故名公道杯。茶壶中的茶汤泡好后可倒入公杯，再把茶汤分倒至各品茗杯中，使茶汤浓度相近、滋味一致，并起到沉淀茶渣的作用。公杯的持拿也有讲究，如果是有把的公杯，持拿时用右手大拇指和中指握住杯把，食指压在杯把上侧，其他两个手指，如果是男士则收紧，女士可以自然放松；如果是无把的公杯，则拇指和其他四个手指直接握在杯沿下方。 品茗杯，用来盛放泡好的茶汤，并供人饮用的器具。手持品茗杯一般是拇指和食指轻托在杯沿下，其他三个手指轻托杯底。

温品茗杯时持拿方法：

方法一：直接用手拿品茗杯，转动杯身，使杯身充分接触到热水；

方法二：用茶夹夹取品茗杯，倾斜杯身顺时针旋转，温杯；

方法三：直接用手把一个品茗杯放到另一个注水的品茗杯中，拇指和中指抵住品茗杯，用食指滚动杯子，这样能将杯子完全预热；

方法四：类似方法三，改手操作为茶夹操作，这种温杯的方法要建立在对茶夹使用很熟练的基础上，否则品茗杯容易脱落。

## 二、温具

茶艺表演时，温具这个步骤看似简单，却非常重要，其主要作用是提高泡茶器的温度，泡茶器如盖碗、公杯、品茗杯等用沸水涤过后，温度升高。如果省去“温具”这一步，那泡茶热水在接触常温或冰冷的茶器时，其水温将被不同程度地拉低，进而对一泡茶的香气与口感造成比较不好的影响。在茶艺表演中，沏泡不同的茶叶需使用不同的茶具，其温具的步骤、流程和名称也各不相同。

绿茶的沏泡多选用玻璃杯，在绿茶艺表演中温杯被称为“涤尽凡尘”：茶是至清至洁，天涵地育的灵芽，泡茶所用的器具也需至清至洁，用开水烫洗璃璃杯，提高其温度，有利于茶香的发挥，此外，用开水烫洗原本干净的玻璃杯，也表对客人的尊敬。

温玻璃杯时，注入四分之一水量于杯中，逆时针方向转动杯身，让水尽量沿着杯子上口径转动，动作舒缓而干净，一圈后浆水倒入水盂中。

乌龙茶的沏泡多选用紫砂壶，在乌龙茶茶艺表演中温壶被称为“孟臣温暖”：惠孟臣是明代制壶名家，所制茗壶大者浑朴，小者精妙，是为壶中佳品，惠孟臣制有孟臣壶，是沏泡乌龙茶的名壶，故乌龙茶茶艺表演中温壶取名为“孟臣温暖”。温壶时，需用煮好的水将壶烫热，稍后放入茶叶冲泡热水时，才不致冷热悬殊。用沸水温热紫砂壶，可提高紫砂壶的温度，有利于茶叶香气的挥发。很多人泡茶都忽略了温壶这一步，乃至欲速则不达。让壶用温暖的怀抱来迎接茶的起舞，才能使茶质释放得更加充分自然。

温紫砂壶时，以高冲的方式向壶中注满沸水，合盖后，继续逆时针将沸水淋在紫砂壶全身，紫砂壶本身有气孔，热胀冷缩，通过沸水内外温热，利于乌龙茶在紫砂壶内更好地舒展、释放。

在乌龙茶茶艺表演中把公杯中的茶水一一倒入闻香杯、品茗杯里，然后再把这头道茶倒掉，这样的步骤使茶具既得到了清洁，又提高了温度。如此温杯烫盏，可形象地称之为“沐淋瓯杯”，品茗杯升温后盛入茶汤，更有利于呈现茶汤的正常口感。

盖碗适用于大多数茶的沏泡，温盖碗可称为“白鹤沐浴”：用开水烫洗盖碗，以提高盖碗的温度。盖碗升温后投入茶叶，有利于茶叶干香的散发，激发茶叶内含物的挥发。用温热的盖碗冲泡茶叶，茶汤的温度得以持续保持，特别是一些需要高温冲泡的茶类，如乌龙茶、黑茶等，此时保持高温有利于茶叶芳香物质的激发和内含物的浸出。

# 三、投茶

明代张源所著《茶录》一书在谈到投茶时是这样说的："投茶有序，毋失其宜。先茶后汤曰下投。汤半下茶，复以汤满曰中投。先汤后茶曰上投。春秋中投。夏上投。冬下投。"意思是在冲泡绿茶的时候，投茶是有顺序的，即所谓的下投、中投、上投。

1. 上投法：即先冲水后投茶，此法适用于特别细嫩的茶。先将开水注入杯中约七分满的程度，待水温凉至75℃左右时，再将茶叶投入杯中，稍后即可品茶。嫩度越好的绿茶所要求的水温越低。上投法需静待茶叶缓缓下沉，在此过程中可以观察到鲜嫩的芽叶在杯中舒展，欣赏到其上下浮沉和游动的"绿茶舞"。

上投法多适用于茶形细嫩的名优绿茶，一般具有全是芽头或满身披毫的特点，如特级碧螺春、雀舌、信阳毛尖等细嫩炒青，以及特级黄山毛峰等细嫩烘青。用上投法泡茶，避免了部分紧实的高级细嫩名茶因开水温度太高，而对茶汤和茶姿造成的不利影响，但同时，采用上投法泡茶，会使杯中茶汤浓度上下不一，茶的香气不容易挥发。因此，品饮上投法冲泡的茶时，最好先轻轻摇动茶杯，使茶汤浓度上下均匀，茶香得以诱发。

上投法

中投法

下投法

2. 中投法：先将开水注入杯中约1/3处，待水温凉至80℃左右时，将茶叶投入杯中少顷，摇动杯子，让茶叶与水充分融合，激发出茶叶的香气，使茶叶浸润，待其慢慢舒展再将约80℃的开水加入杯的七分满处，稍后即可品茶。

此法适用较为细嫩但茶形紧结、扁形或嫩度为一芽一叶、一芽二叶的绿茶，如龙井茶、宁强雀舌茶、崂山绿茶、云雾茶、竹叶青茶、婺源茗眉、六安瓜片、绿阳春等。中投法其实就是两次分段泡茶法，对很多绿茶都适用，也在一定程度上解决了泡茶水温偏高带来的弊端。

3. 下投法：先投入适量茶叶，再沿着杯壁注入85℃左右的开水至1/3处，摇动杯子，浸润茶叶、激发香气，再冲水至七分满，使茶叶完全濡湿，静待其自然舒展。

此法适用茶形松展或细嫩度较低的一般绿茶。

除了根据茶叶，也有根据室温的不同采用上投法、中投法、下投法的，如夏天上投法，冬天下投法，春秋中投法。

# 四、泡茶注水

### 1. 注水方式

注水的方式是在泡茶过程中唯一需要人工完全控制的环节。其注水的快慢、水流的急缓、水线的走势、高低、粗细、出汤的快慢都是人为控制，手法不同，对茶叶品质影响很大。水线的走势，主要关系到茶底和水流的动静比例，以及茶底接触水的均匀程度。注水的方式有以下五种：

**螺旋注水**

注水时采用螺旋式注水，即由外而内多次环圈注水，收水时结束于盖碗正中。这样的水线令盖碗的边缘部分以及表面上的茶都能直接接触到水，令茶汤在注水的第一时间溶合度增加。这样的注水方式比较适用于盖碗。

**特点：**令盖碗的边缘部分以及面上的茶底都能直接接触到注入的水，令茶水在注水的第一时间溶合度增加。

**适用：**适合红茶、绿茶、白茶，也适用武夷岩茶中的老丛水仙，或者泡到后期，滋味比较淡了，也可使用这种方式。

**操作方式：**盖碗口切面呈45°，由外向内，按照顺时针方向螺旋式注水。

**环圈注水**

注水时水线沿壶盖或者杯面旋满一周，收水时正好回归出水点。这种方式需要一定的技巧，比如在注水时要注意根据注水速度调整旋转的速度，如果水柱需细就慢旋，如果水柱粗就快旋。

**特点：**令茶底的边缘部分能在第一时间接触到水，而面上中间部分的茶叶则主要靠水位上涨后接触水，茶水在注水的第一时间溶合度就没那么高。

**适用：**适合嫩度比较高的绿茶。

**操作方式：**注水时水线沿壶盖或杯面旋满一周，收水时正好回归出水点。要注意根据注水速度调整旋转的速度，水柱细就慢旋，水柱粗就快旋。

### 单边定点注水

注水点固定在一个地方，可让茶仅有一边能够接触到水，茶水在注水开始时溶合度就较差。

**特点：**在开始注水时，茶仅有一边能够接触到水，溶合度较差。 适用：出汤快的茶或碎茶。

**操作方式：**固定在一个点进行注水，如果注水点在盖碗壁上，那相对于注水点在盖碗和茶底之间，要融合得更好些。

### 正中定点注水

正中定点的注水方式是一种较为极端的方式，通常和较细的水线和长时间的缓慢注水搭配使用，令茶底只有中间的一小部分能够和水线直接接触，其他则统统在一种极其缓慢的节奏下溶出，令茶在注水的第一时间的溶合度达到最差，茶汤的层次感也最明显。

**特点：**茶底只有中间的一小部分能够和注水线直接接触，其他则在缓慢的节奏中溶出，茶与水在第一时间溶合度最小，茶汤的层次感也最明显。

**适用：**香气较高的茶。

**操作方式：**在杯面中心位置进行注水，通常和较细的水线和长时间的缓慢注水搭配使用。

## 2. 注水关键因素

注水时要特别注以下五个变量因素：注水的快慢、水流的急缓、水线的高低、水线的粗细。

### 注水的快慢

注水的快慢主要影响到浸泡过程中水温的高低，以及水流的急缓，这除了跟茶汤滋味的浓淡相关以外，也关系到汤感和香气的协调性。

### 水流的急缓

水流的急缓主要会影响到滋味、香气和汤感之间的协调关系，急的水流令茶叶旋动，茶和水在接触第一时间的相对高温下浸出溶合度高，且和空气摩擦程度增加，令香气高扬，茶汤的厚度和软度则会相应下降。而缓慢的水流则令茶保持相对的静止，接触水的茶底缓慢溶出，在出汤的时候再一次在较低温度下融合，令茶汤的厚度和软度上升，层次感加强，但同时也会令茶汤的香气下降。

**水线的高低**

水线的高低主要关系到两个问题，一是水在冲泡过程中的降温作用，二是在冲泡过程中，水线的高低起伏常常被用来做不同茶不同温度的微调。

**水线的粗细**

水线的粗细主要关系到注水过程中水的流速，除了跟水的动静有关外，也跟注水的时间和速度相关，同样，水线的粗细也是泡茶者常用的微调手段。

## （三）出汤方式

缓慢的出汤主要对茶水溶合度差的茶汤有融合调节作用，越缓慢均匀地出汤，茶汤在出汤时候的溶合就越有层次，且相对融合温度越低，其汤感也越软。而越快速出汤则令茶汤的融合度越好，香气越高。相对于注水方式来说，出汤方式对茶汤茶香的影响要小得多，在冲泡过程中也属于微调作用。

出汤后残留的茶汤会令下一次浸泡的时候整体温度降低，导致香气下降，但苦涩味较相同浓度的茶汤有所减低，汤感的黏稠度和厚度则会有所提升，并且会相邻两泡之间的感觉更加接近，令茶口感更加稳定。出汤后残留茶汤的做法被称为“留根法”，常常被用来冲泡那些有异杂味的茶。

各泡之间的间隔时间在以人为主的品茶过程中往往容易被忽略，其实意义很重大，尤其关系到几个很重要的问题：

（1）关系到每一泡茶注水时茶底的温度，茶底的温度除了跟注水后整个容器中的茶水综合温度相关，过冷的茶底令茶汤的溶出温度下降，导致香气变低。

（2）关系到注水时茶底和水之间的温差，茶底过冷而水温过高会导致温差过大，令茶叶中的溶出物的溶出温度间距加大，各类物质的溶出速度不能够平均化，溶出物质的比例协调性下降，从而导致茶汤中滋味和香气的比例发生变化，而这部分变化和茶本身以及注水的方式也密切相关。

（3）上一泡出汤后，由于叶底依旧处于湿润状态，所以溶出依旧在继续，且随着温度的下降，茶叶收缩又会令溶出后的茶汤再次挤出，过长间隔会令这部分高浓度茶汤冷却后融入下一次注入的水中，从而增加了茶的苦涩味，对下一泡的品质有着较大的影响。

# 五、分茶

## （一）分茶七分满

泡茶时无泡是用玻璃杯还是品茗杯，分茶时都要每杯七分满，所谓“茶七酒八”，是指主人给客人倒茶斟酒时，茶杯、酒杯满到七八分的程度。主若以茶待客，则以倒七分为敬，“从来茶倒七分满，留下三分是人情”。为什么茶倒七分为宜呢？原因有五个：一是茶水倒七分满不至于烫着客人或洒到桌子及衣物上。二是品茶需要一遍遍品，一壶茶要平均倒好几杯，所以不可能一杯倒得太多。三是品茶时，不仅喝茶汤，还要看汤色、闻茶香，茶水太满品鉴起来不方便。四是茶水倒得七分满，留得三分人情在，就如“君子之交淡如水”，只有一杯浅茶，在轻抿慢啜中方能悠悠品出一番情谊来。五是茶杯倒七分茶水，茶水距离杯口就还留有一定空间，茶水的清沁芳香就不容易失散，所以在饮茶前，还能闻到浓郁的茶香。

茶倒七分也是中国“中庸之道”的一种表现，是对生活的一种分寸上的把握。行事把握分寸，说话留有余地，以宽容之心待人，处世淡泊从容。茶倒七分满似乎也在提醒人们，为人做事一定要虚心谨慎，不骄不躁，不可锋芒毕露，要谦和含蓄，正所谓：“满招损，谦受益。”

## （二）分茶要均匀

茶汤泡好，要均匀地分到每一杯中，寓意雨露均分、同甘共苦之意。在泡茶的时候，为了能够均匀茶汤的口感，泡茶时将泡好的茶汤先倒入公杯（也称“公杯”）中，因为茶叶浸泡在茶汤里，随着时间的延长，浸出物会越来越多，因此最后一杯茶水味道会过浓，所以要用公杯来使茶汤味道均匀。

怎么用公杯来分茶呢？在泡茶的时候，往往是一壶配3～5个杯子，如果人多或壶小，无法均分到五个杯子里，需要泡第二道，这样茶水的浓淡就不一致了。所以，可以先将泡好的茶水倒进公杯里，再泡第二道，然后依样倒入公杯里，使得茶汤混合均匀，再进行分茶。

使用公杯分茶的目的，其一在于让每个客人喝到的茶水都是一致的，也代表了一视同仁，十分公道。其二在于冷却茶汤，因为刚泡好的茶水温度滚烫，很难以入口。将茶水倒入公杯里，能够让茶汤的温度冷却，更容易入口饮用。公杯的材质很多，通常有手柄，材质有陶瓷、玻璃、紫砂等。也可以选择与茶具材质相同的，以协调统一。

## （三）分茶的细节

分茶时需要注意的五个小细节：

### 1. 倒茶前先把公杯底擦干

在泡茶时，各种茶具的底部很容易沾湿，尤其在湿泡法时，用公杯给客人倒茶，底部容易滴水，给人不干净的感觉。给客人分茶前，应先把公杯杯底在茶巾上“蘸”一下，避免底部滴水。其实，使用其他茶具也一样，比如把茶杯递给客人时，也要先把杯底在茶巾上“蘸”一下，保证客人在使用杯子时是干爽的。

### 2. 放低高度分茶

泡茶时讲究“高冲低斟”，意思是冲茶时需要悬壶高冲，而用公杯给客人斟茶时需要放低，从茶汤口感的角度考虑，高冲意在激发茶香，而低斟则是为了避免香气散失太多。从对客人的关怀考虑，低斟使人感受到更加恭敬，还可以防止茶汤溅出，分茶的手势也更加优雅，让主客双方都感到舒适愉悦。分倒茶时公杯的杯口应尽量靠近杯子，以不会溅出茶汤的高度为宜。

### 3. 分茶时注意不能“越物”

茶桌比较大或者喝茶的客人比较多时，注意倒茶时不可“越物”。所谓“越物”，即手从其他茶具上方越过，这样不仅容易失手碰倒茶具、沾湿衣袖，也给人不协调不美观的视觉感受。

### 4. 分茶的顺序

分茶的顺序是先用右手拿起公杯放到面前的茶巾上，把公杯转向，再用左手给左侧的客人斟茶，顺序是从里到外。倒完之后，把公杯拿到茶巾上转向，从左手交回右手，放回原位。

### 5. 把握好时间给客人续杯

续杯不能等客人将杯中水喝干，而是应该在茶水还剩三分之一时，添加茶汤，掌握喝茶的节奏和感受。

# 六、看茶泡茶，因茶施法

## （一）因茶施法之老茶的冲泡

### 1. 老茶的冲泡之道

冲泡老茶，首先要把老茶的茶性“喊醒”。对于紧压茶，可以先将茶叶撬散，把撬散的茶叶暴露在空气中，让茶叶充分接触空气，这就可以起到很好的醒茶作用。如果一次喝不完，可以将剩余茶叶存入烧制温度达临界点的紫砂缸中。如果是普洱散茶或者密封的乌龙茶，则可以取出来先放在看茶盘上让茶叶接触空气，也能起到很好的醒茶效果。

冲泡前温壶对喊醒老茶的茶性作用最大。冲泡老茶，最好使用紫砂壶。把茶壶用开水温热（开水温壶两次），让茶壶热透，倒出壶里的开水，迅速投入茶叶并盖上壶盖，让紫砂壶的温度和水汽进入到茶叶中，茶性就会被激发而苏醒。

第一道水，打开壶盖，用100℃的开水沿着壶口，轻缓地从壶中间定点注水，这样老茶可能存在的杂味、异味、仓储味就容易往上散发。如果第一道水以高温高冲手法，则容易将茶叶表层的异味、杂味或仓味往茶叶体内逼，反而容易将杂味留滞。高温高冲茶叶，茶汤容易有“燥”感和“糙”感，而且不容易将杂味去彻底。一般老乌龙茶经过一道水的醒茶就可以正常冲泡品饮了，而老普洱茶、老黑茶则需经两道水或者以上。

一般年份较长、全发酵或发酵重，茶性甘醇浓烈的茶品比较适合用煮的方式品饮。这些茶品或因为工艺关系，或经过时光炮制，褪去了最初的青涩寒凉，茶性趋于温热。且此类茶品，条索相对粗老，内含物质相对更加均衡，贮存的糖分也比较高，烹煮后不会因过于苦涩而难于下口，而且其茶性温热，用来驱寒再适合不过。

## 2. 老白茶的煮饮法

白茶中的贡眉、寿眉，叶梗多、叶片粗老、内含物丰富。虽不同于银针的清爽，却有其特殊的魅力。银针、牡丹，采摘时间靠前，芽头比例较高，叶片嫩且少，使银针、牡丹的耐泡程度低于寿眉、贡眉，最宜煮泡。老白茶，经过时间的沉淀，咖啡因、茶多酚含量趋平内敛，新叶的内含物转化成葡萄糖、氨基酸、果胶等物质，让老白茶的茶汤更加顺滑醇厚，回甘效果佳。通过煮饮更能促发香气、加强口感层次。

在煮茶器皿的选择上，煮老白茶有用提梁紫砂壶的，有用陶壶的，有用银壶煮的，还用玻璃茶壶的。但如果你希望喝到那股浓稠醇厚的味道，用紫砂壶煮是最好的选择，既可以去除多年储存中可能存在的杂味异味，又可以让茶和汤完全水乳交融，充分浸出全部味道。

而用银壶煮白茶，不仅可以杀菌，还可以软化水质，令水更甘甜清冽，所以银壶煮白茶也是不错的选择。而炭炉比电炉又更适合老白茶的脾性，炭炉煮茶，茶汤更柔。

如何煮一壶老白茶？首先把煮茶壶加水至壶身的三分之二，加热至沸腾，依壶身的大小投茶三到五克。文火慢熬，保持茶汤不变冷，茶汤的颜色变深就可以出汤了。第一煮，茶汤沸腾1～2分钟就可以关火，这时会看到老白茶的茶汤呈现橙黄色。第二煮可以适当地延长时间，煮5分钟左右，茶汤颜色变得澄亮即可出汤，也可根据自己的喜好适当调整时间。总之，煮饮老白茶，要注意时间，尽量激发白茶内质营养物质，提高保健价值。

## （二）因茶施法之细嫩芽茶的冲泡

高档茶叶多选用茶芽或细嫩的芽叶组成，冲泡的时候要特别注意水温和冲泡技巧，以保证茶叶的鲜爽度，激发出茶叶的香气。高档细嫩茶多为高档绿茶、黄芽茶，而红茶中的金骏眉因选用芽头制成，故在冲泡中也要区别于大宗红茶。

### 1. 高档绿茶的冲泡方法

（1）选具，玻璃杯因透明度高，能一目了然地欣赏到佳茗在整个冲泡过程中的变化，所以非常适宜冲泡名优绿茶。这样一则增加透明度，便于人们赏茶观姿；二则防止将嫩茶泡熟，失去鲜嫩色泽和清鲜滋味。至于普通绿茶，因不在于欣赏茶趣，而在于解渴，或饮茶谈心，或佐食点心，或畅叙友谊，因此，也可选用茶壶沏泡，这叫作“嫩茶杯泡，老茶壶泡”。

（2）洁具，就是将选好的茶具，用开水一一加以冲泡洗净，以清洁用具，平添饮茶情趣。

（3）赏干茶，在欣赏名优绿茶时应先“干看外形”，再“湿品内质”。泡饮前先欣赏干茶的色，香形茶叶的色泽有碧绿、深绿、黄绿、多毫等；再嗅其香，干茶香气有奶油香、板栗香、锅炒香，还有各种花香夹杂着茶香；其造型有条、扁、螺、针等。观茶时，先取一杯适量的干茶，置于茶荷中，让品饮者先欣赏干茶的色、形，再闻一下香，充分领略名优绿茶的天然风韵。

（4）泡茶：通常选用洁净的优质矿泉水。煮水初沸即可，这样泡出的茶鲜爽度较好。茶与水的比例要恰当，通常茶与水之比为1：50～1：60（即1克茶叶用水50～60毫升）为宜，这样冲泡出来的茶汤浓淡适中，口感鲜醇。当欣赏过干茶的风韵后，就可以冲泡，具操作方法有以下两种：

一是对外形紧结重实的名茶采用“上投法”，如龙井、碧螺春、都匀毛峰、蒙顶日露、庐山云雾、福建莲芯、苍山雪绿等。冲泡时先将开水冲入水杯中，接着将干茶投入杯中，此时可观赏到茶叶在杯中上下沉浮，千姿百态。然后再观察茶汤颜色，有黄亮碧清的，有乳白微绿的，有淡绿微黄的，赏茶后就可以开始品茶了。

二是对外形松展的名茶采用“中投法”，如黄山毛峰、太平猴魁等，冲泡时先将茶投入杯中，冲入开水至杯容量三分之一时，待2分钟，再冲开水至杯容量的四分之三满即可此时可观赏到茶叶在杯中徘徊飞舞，察其上下沉浮，形态百千。

（5）赏茶汤：这是针对高档名优绿茶而言的，在冲泡茶的过程中，品饮者可以看茶的展姿、茶汤的变化，茶烟的弥散，以及最终茶与汤的成像，以领略茶的天然风姿。

（6）饮茶：饮茶前，一般多以闻香为先导，再品茶啜味，以全面品赏茶的真味。另外，绿茶冲泡，一般以2～3次为宜。

#### 2. 金骏眉的冲泡方法

金骏眉是红茶中的精品，其茶芽纤细，香气诱人，外表有金黄色的绒毛，沏泡的时候需要在选水、水温和沏泡技巧上有所把握。

首先，冲泡金骏眉应选用水质较软的山泉水或矿泉水，这有利于细芽金骏眉中香气与营养成分的析出，能泡出最好的茶汤。

其次，金骏眉冲泡时要注意水温，因为金骏眉是用鲜嫩茶芽制成，不能用水温过高的开水来冲泡，不然会把茶叶闷死，不能把它的香气与营养全部析出，金骏眉沏泡水温最好掌握在85℃～90℃之间。

最后，想冲泡出最好的金骏眉茶汤，在冲泡前要浸润泡，温润茶，然后注水时不能在直接把开水倒在茶叶上，要沿着杯壁慢慢把开水冲入，这样才能让细叶金骏眉中的味道慢慢抒发出来，另外冲泡金骏眉讲究快进快出，一般冲入开水五到十秒以后就能出汤，泡制时间过长会影响茶汤的色泽与味道。

### （三）因茶施法之大宗茶的冲泡

我国在国内外市场上销售的大宗茶有绿茶、红茶、乌龙茶、白茶、黄茶和黑茶（成品为紧压茶）等六大类。这些茶类的加工机械除一些专用设备外，多采用大宗绿茶和红茶加工所使用的设备，只是根据茶类加工特点不同而采用不同的加工工艺。

### 1. 大宗绿茶的冲泡方法

大宗绿茶是指除名优绿茶以外的炒青、烘青、晒青、蒸青等普通绿茶，大多以机械制造，产量较大，品质以中、低档为主。根据鲜叶原料的嫩度不同，由嫩到老，划分级别，一般设置一至六个级别，品质由高到低。大宗绿茶一般选青花瓷、玻璃盖碗来冲泡。

使用瓷器或盖碗冲泡大宗绿茶时，洁具的同时也可以达到温热茶具的目的，使冲泡时减少茶汤的温度变化。然后，将干茶依次拨入茶碗中待泡。通常，一只普通盖碗放上2克左右的干茶，接着，将温度适宜的开水高冲入碗，水流不要直接落在茶叶上，应落在碗的内壁上，冲水量以七八分满为宜。冲入水后，迅速将碗盖稍加倾斜，盖在茶碗上，使盖沿与碗沿之间有一空隙，避免将碗中的茶叶闷黄泡熟，瓷杯较适宜泡大宗绿茶，讲究的是品味或解渴，不注重观形。

### 2. 大宗红茶的冲泡

大宗红茶的冲洵多选用瓷质茶壶或盖碗，大宗红茶水温在90℃为佳。

茶叶用量5克，投入白瓷盖碗，也可根据个人口感浓淡增减投茶量，大宗红茶需要洗茶，一般洗茶一次即可，即入即出。冲泡时，将热水沿盖碗壁注入，避免水直接冲在茶叶上。品质较好的红茶一般可泡十泡以上。用此方法冲泡红茶，不仅保留了红茶的原滋味，同时也会更好地激发出红茶独特的清香。

### 3. 大宗乌龙茶的冲泡

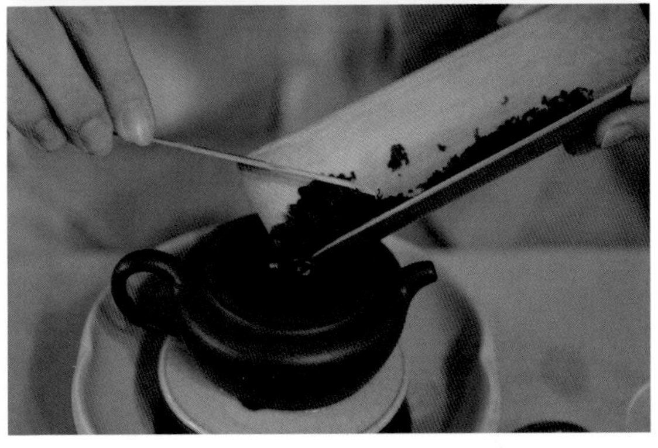

大宗乌龙茶的冲泡可以选择用盖碗冲泡，首先，看干茶，烫茶具，乌龙茶在泡制以前要先看干茶，观赏它的外形与颜色，第二步则是烫茶具，要用开水把所有茶具都走一遍。然后放入茶叶开始冲泡，烫好茶具以后就可以加入茶叶了，加入茶叶的量应该是茶具的三分之一左右。放好以后就可以用开水冲泡，水的温度应该低于100℃而高于95℃。冲入开水以后茶具上层会出现白色的茶沫，这时要就茶盖把茶沫去掉。让茶汤保持洁净。第一次冲水泡制的时间应该在3分钟左右。茶叶泡好以后，可以把茶汤倒入到公杯里面，经过稍微沉淀以后再把茶汤从公杯倒入到盖碗里面，然后等温度适合时就可以开始品饮了。

### 4. 大宗黑茶的冲泡

黑茶属于后发酵茶，主产区为四川、云南、湖北、湖南、陕西、安徽等地。传统黑茶采用的黑毛茶原料成熟度较高，是压制紧压茶的主要原料。黑茶主要分类为湖南黑茶（茯茶、千两茶、黑砖茶、三尖等）、湖北青砖茶、四川藏茶（边茶）、安徽古黟黑茶、云南黑茶（普洱熟茶）、广西六堡茶及陕西黑茶（茯茶）。冲泡黑茶一般可以选用壶泡。

用紫砂壶泡黑茶的方式如下：首先，将沸水冲入紫砂壶内，均匀摇晃使壶温升高，将温壶水到入茶盂，再用沸水淋壶。然后，根据紫砂壶的容量和饮茶人数决定投茶量。一般100毫升的壶投茶5克左右，100毫升以上按照1克茶对应50毫升水的比例为宜。冲泡黑茶需要先洗茶，将沸水注水紫砂壶，即入即出，洗茶水倒入茶盂。品饮时，应根据茶品和口感决定出汤快慢，前几泡出汤快一些，滋味变淡时可以延长出汤时间。

# 第8章 泡杯好茶

泡茶的技术含量非常高。想泡好一杯茶，了解茶叶、把握好茶叶用量和泡茶水温是重要条件，只有把茶、水、器、水温、投茶量等细节处理得当，精准把握所有细节，才能泡好一杯茶，让一片小茶叶展现出大乾坤。

# 一、用玻璃杯泡茶

## （一）关于玻璃

玻璃最初由火山喷出的酸性岩凝固而得。约公元前3700年前，古埃及人已制出玻璃装饰品和简单玻璃器皿，当时只有有色玻璃，在此后很长一段时间内，玻璃都是很珍贵的物品。公元12世纪，出现了商品玻璃，并开始成为工业材料。18世纪，为适应研制望远镜的需要，制出光学玻璃。1873年，比利时首先制出平板玻璃。此后，随着玻璃生产的工业化和规模化，各种用途和各种性能的玻璃相继问世。现代，玻璃已成为日常生活、生产和科学技术领域的重要材料。玻璃材质稳定，不会释放有毒物质，易清洗，视觉感官好，在现代生活中，运用玻璃材质制作人们日常饮食器具再合适不过了。

由于玻璃杯的诸多优势，现代人发明并热衷于使用玻璃茶具，尤其适用于沏泡细嫩且名贵的芽茶类茶叶，玻璃杯内的水温便于掌握，可以保证茶汤的原有风味，晶莹剔透的材质也可以充分展示绿茶的外形、内质，便于观察沏泡后茶叶的形态变化，当茶叶在水中缓慢舒展、游动变换时，就呈现出万千姿态，这就是“茶舞”。

## （二）用玻璃杯泡茶

### 1. 玻璃杯泡龙井茶

#### （1）关于龙井茶

龙井茶是中国传统名茶，产于浙江杭州地区，是国家质检总局“原产地域保护产品（地理标志产品）”，属绿茶品种。“欲把西湖比西子，从来佳茗似佳人”，龙井茶得名于一口井，此井位于西湖之西翁家山的西北麓的龙井茶村。“龙井”既是地名，又是泉名和茶名。龙井茶汤色泽翠绿，香气浓郁，甘醇爽口，叶形宛如如雀舌，故有“色绿、香郁、味甘、形美”四绝之说。龙井茶因其产地不同，分为西湖龙井、钱塘龙井、越州龙井；其中杭州市西湖区所管辖的范围内所产茶叶称作“西湖龙井”，浙江其他产地所产均称为浙江龙井茶。“西湖龙井”位列中国十大名茶之首。

西湖山区各地所的龙井茶，由于生长条件不同，自然品质和炒制技巧也略有差异，形成不同的品质风格。1949年前，龙井茶有“狮（峰）、龙（井）、云（栖）、虎（跑）、梅（家坞）”五个字号，如“狮字龙井”“云字龙井”等。1949年新中国成立后，龙井茶以“狮（峰）、龙（井）、梅（家坞）”三个产地区分，产于西湖乡龙井村的称为“狮字龙井”或“狮峰龙井”，其自然品质最好；产于西湖乡梅家坞、梵村、云栖、外大桥一带的称为“梅字龙井”，做工精湛；西湖乡其余地方生产的称为“龙字龙井”或“西湖龙井”。

**①西湖龙井采摘的特点**

龙井茶采摘三大特点：一早，二嫩，三勤。一早：历来龙井茶采摘时间很有讲究，以早为贵，正所谓“茶叶是个时辰草，早采三天是个宝，迟采三天变成草”。二嫩：以采摘细嫩而著称，并以采摘嫩度的不同分为莲心、雀舌、旗枪，鲜叶嫩匀度构成龙井茶的品质基础。三勤："勤"指采大留小分批采摘，全年采摘在30批左右。龙井茶采摘精细，要求苛刻，级别不同，采摘标准也不同。

**②制茶工艺**

西湖龙井茶的整个制作过程精致细腻，堪称是一颗一颗摸出来的。西湖龙井成品茶与龙井茶鲜叶原料的比例为1：5，即生产1斤成品茶需要采摘至少5斤叶。鲜叶采回后，依次经过鲜叶摊放、青锅（杀青、初步整形）、揉捻、回潮、炒二青叶分筛与簸片末、辉锅、干茶分筛、挺长头、归堆、贮藏、收灰等，全程均为手工操作。在以上工序中需使用10个手法与手势，即抓、抖、搭、拓（抹）、捺、挺（推）、扣、甩、磨、压、青锅、辉锅是整个龙井茶制茶工艺流程的重点与关键，要与其他几道工序密切配合，协调运用，同时还需配以分筛、回潮、挺长头、簸片末等辅助工序，才能制成标准龙井茶。"西湖龙井茶炒制技艺"已由文化部授予"国家非物质文化遗产"称号。

**③成品茶特征**

西湖龙井茶，外形扁平挺秀，色泽嫩绿光润，香气鲜嫩清高，滋味鲜爽甘醇，叶底细嫩呈朵。以虎跑水沏泡龙井茶，清洌甘醇，回味无穷，堪称一绝。龙井茶有春茶、夏茶、秋茶之分，以一尖二叶的"明前茶"为佳品。

龙井茶山

（2）杯泡西湖龙井（下投法）

①备茶备具：泡茶前将所有茶具茶叶都在茶席中备好。

②注水洁具：注入热水至杯中。

③洁具：旋转杯身，均匀预热，再将温杯的水倒入水方中。

④赏茶：观赏茶则里的茶叶外观、色泽、匀整度。

⑤置茶：用茶匙将茶叶（约3克）置于玻璃杯中。

⑥注水泡茶：注入85℃热水至杯的三分满。

⑦摇香：顺时针轻缓摇晃玻璃杯，让茶香散发，茶叶更好地吸收水分。

⑧注水泡茶：注入85℃热水至杯的七分满，茶叶吸收水后充分舒展绽开。

⑨奉茶：龙井茶冲泡好，奉茶给宾客。

⑩品饮：玻璃杯单杯泡茶，直接品饮。

**（3）沏泡时间与次数**

玻璃杯沏泡龙井茶，茶汤品饮时间以10分钟之内为宜，当茶汤与杯内茶叶齐平时是最好的续水时机，由于龙井茶内质清香味醇，尤以第二泡最为醇甘，通常以此标准进行续水，三次为上限。

### 2. 玻璃杯泡君山银针

**（1）关于君山银针**

君山银针是中国名茶之一，属于黄茶。产于湖南岳阳洞庭湖中的君山，形细如针，故名君山银针。君山又名洞庭山，岛上树木丛生，春季湖水蒸发，云雾弥漫，非常适合茶树生长。君山茶历史悠久，唐代就已经开始生产。清朝时被列为“贡茶”。君山银针香气清高，味醇甘爽，汤黄澄高，芽壮多毫，条真匀齐，白毫如羽，芽身金黄发亮，有淡黄色茸毛，叶底肥厚匀亮，滋味甘醇甜爽。

**①采摘的特点**

成品茶全部由茁壮的芽头制成，长短大小均匀，茶芽内面呈金黄色，外层白毫显露完整，包裹坚实，似根根银针，故得其名。

**②制茶工艺**

君山银针的制作工序分杀青、摊凉、初烘（闷黄）、复摊凉、初包、复烘、再包、焙干等八道工序，历时三四天之久。

**③成品茶特征**

君山银针风格独特，岁产不多，质量超群，为我国名优茶中的佼佼者，其芽头肥壮，紧实挺直，芽身金黄，满披银毫，汤色橙黄明净，香气清纯，滋味甜爽，叶底嫩黄匀亮。开汤冲泡后香气高爽清幽，汤色明黄，滋味鲜润，回甘浓烈，叶底匀齐嫩黄，久置而香鲜依旧。

**（2）玻璃杯泡君山银针（中投法）**

①备茶备具。将所有使用茶具及茶叶准备好。

②注水洁具。注入热水至杯中，洁净茶杯。

③洁具：转动玻璃杯，让杯子均匀受热，泡茶茶味更佳。

④赏茶。观赏茶叶外观、色泽、匀整度。

⑤置茶，将茶叶用茶拨拨入玻璃杯。

⑥注水泡茶。水注入至杯子的三分之一处。注水时沿着玻璃杯杯壁冲水，避免开水直接击打茶叶，烫损茶叶。

⑦摇香，转动杯子，顺时针轻缓摇晃杯子，使茶香四溢，更好地激发茶性。

⑧注水泡茶，水继续注入杯子的七分满，继续泡茶。

⑨茶叶吸收了水分，慢慢打开，在水中自由绽放。

⑩品饮。玻璃泡茶，可以直接品饮。

⑪茶舞。完全舒展开的君山银针，芽尖朝上、蒂头下重浮于水面，上下舞动。

TIPS：初始芽尖朝上、蒂头下垂而悬浮于水面，经过2、3分钟茶芽吸水下沉、渐次直立，在芽尖上有晶莹的气泡颤动，犹如雀舌含珠，好似春笋出土，之后，沉入杯底的直立茶芽在气泡的浮力作用下，再次浮升，如此上下沉浮，芽光水色，浑然一体，堆绿叠翠，妙趣横生，真是妙不可言。

### （3）君山银针的特殊讲究

#### ①不耐冲泡

君山银针比较不耐泡，第一泡滋味甘甜爽口，而第二泡滋味就非常淡薄了，如果讲究的话，只喝第一泡茶汤。

#### ②“三起三落”

君山银针是一种以赏景为主的特种茶，讲究在欣赏中饮茶，在饮茶中欣赏。由于茶叶叶片之间的间隙和茶芽液泡中都充满空气，叶面茸毛吸水性能很差，造成芽重小于水对它的浮力，于是从杯底浮到水面，当水从芽柄筛、导管浸入茶叶，叶体吸水膨大，挤出部分叶间与液泡内的空气，在芽头上形成一个气泡，气泡内热空气破泡而出，对浮在水面的银针产生一个反作用力，这样又使银针下沉，如此往复可达8分钟，因而使银针能上下沉浮，出现“三起三落”之奇观。

## 3. 玻璃杯泡白毫银针

### （1）关于白毫银针

#### ①白毫银针名字的由来

白毫银针创制于1889年，产于福建北部的建阳、松溪、政和和东部的福鼎等地，是现代白茶的创始者。“白毫银针”这个名字的由来是因为它的成品多为芽头，全身满披白毫，干茶色白如银，外形纤细如针，所以取此雅名。

白毫银针满被白毫，色白如银，细长如针。冲泡时银针挺立，上下交错，非常美观。汤色黄亮清澈，滋味清香甜爽。由于制作时未经揉捻，茶汁较难浸出，因此冲泡时间应稍延长。白茶味温性凉，可健胃提神，祛湿退热，常作为药用。

②采摘的特点

白毫银针的鲜叶采摘标准为：采春茶嫩梢萌发的一芽一叶，将其采下后，要用手指将真叶、鱼叶轻轻地予以剥离。

③制茶工艺

白毫银针的制作方法是不炒不揉，经萎凋、烘焙、晾干即成。

④成品茶的特征

白毫银针的成品茶外观茶芽肥壮，形状似针，白毫披覆，色泽鲜白光润，闪烁如银，条长挺直，茶汤呈杏黄色，清澈晶亮，香气清鲜，入口毫香显露，滋味因产地不同而略有不同：福鼎所产银针滋味清鲜爽口，回味甘凉；政和所产的银针汤味醇厚，香气清芬。

（2）杯泡白毫银针（下投法）

①备茶备具：泡茶前将所有茶具茶叶在茶席中准备好。

②注水洁具：注入85℃热水至杯中，旋转杯身，均匀预热，再将温杯的水倒入水方中。

③洁具：转动玻璃杯，让杯子均匀受热，使茶汤口感更佳。

④倒水：将洁具的水倒入水盂中。

⑤赏茶：欣赏茶叶的外观，条索匀糙嫩绿。

⑥置茶：用茶匙将茶叶置于玻璃杯中（5克）。

⑦～⑨注水冲泡：注入85℃热水高冲至杯的七分满。

⑩～⑪品饮：开始时茶芽浮于水面，约5～6分钟后茶芽部分沉落杯底，部分悬浮茶汤上部，此时茶芽条条挺立，上下交错，望之有如石钟乳，蔚为奇观。约10分钟后，茶汤呈橙黄色，此时边观赏边品饮，毫香显著，茶汤清亮，滋味鲜甜回甘，尘俗尽去，意趣盎然。

**（3）白毫银针的特殊讲究——泡茶时间应稍长**

白毫银针泡饮方法与绿茶基本相同，但因其未经揉捻，茶汁不易浸出，冲泡时间宜较长。

# 二、用壶泡茶

## （一）关于泡茶壶

壶泡适用于冲泡各种不需要观赏叶底的茶叶，最常用的泡茶壶材质为陶瓷茶壶。陶瓷与中国传统饮品——茶叶一样，同为中国文化的重要内容和文化符号。

陶瓷和茶的原产地都是中国，在中国传统文化生活中，陶瓷茶具和茶的关系密不可分，可谓唇齿相依、相得益彰、彼此成就。自唐宋以来，中国人就主要以陶瓷茶器沏泡茶汤，

陶瓷茶壶的花色多以不同窑口、不同釉色来区分。瓷茶壶，如著名瓷窑出产的青花瓷（江西景德镇窑）、青瓷（浙江龙泉窑等）、白瓷（福建德化窑等）等；陶茶壶，则有著名的紫砂（江苏宜兴出产）、坭兴陶（云南钦州出产）、红泥茶具（广东潮汕出产）、紫陶（云南建水出产）等。

### 1. 陶瓷小史

瓷器是中国的伟大发明，瓷器源于陶器，而精于陶器，在中国，制陶技艺的产生可追溯到6000年前，而瓷器的发明是中国古代先民在烧制白陶器和印纹硬陶器的过程中，逐步探索实践而来的，经过了几千年的演变，实现了从陶器到瓷器的进化。毋庸置疑，陶瓷发展史是华夏文明发展史中的一个重要贡献，中国人在科学技术上的成果以及对美的追求与塑造，很多时候都是通过陶瓷制作来进行呈现的，并形成了各时代非常典型的技术与艺术特征。

### 2. 瓷及瓷壶

“瓷器”的发明始于汉代，至唐、五代时渐趋成熟，宋代为瓷业蓬勃发展时

期，名窑涌现，元代设立“浮梁瓷局”于江西景德镇，瓷器制造业进入承前启后的转折期，时至明清两代，中国瓷业从制坯、装饰、施釉到烧成，工艺技术远越中国前代和同时期的其他国家。

瓷质茶壶精美且多样，具有质地致密、易清洗、不存垢的特点，瓷壶虽然不具透气性，但却因此可以一壶多用，沏泡不同品种的茶。

### 3. 特色陶壶

#### （1）紫砂和紫砂壶

**①产地**

制作紫砂陶器的原料是一种含水铝硅酸盐矿物黏土，是由地壳中含长石类岩石经过长期风化与地质作用而生成的，深藏于岩石层下，在自然界中分布广泛，种类繁多，中国大多数地区都藏量丰富，紫砂矿料从深逾百米的地下矿井开采出来，均称为“生料”，主要分为紫泥、绿泥和红泥三种，质坚如石，需经过一系列“炼泥”处理，方可成为“生泥”。然后要经过堆放陈腐处理，再把腐泥进行真空练泥，这样便成为供制坯用的“熟泥”。紫砂泥可塑性好，生坯强度高，坯的干燥、烧成收缩率小，适于成型成器。由紫砂泥料制成的器皿称“紫砂陶（器）”是一种介于陶器与瓷器之间的陶瓷制品，其特点是结构致密，接近瓷化，强度较大，颗粒细小，断口为贝壳状或石状，但不具有瓷胎的半透明性。

中国江苏省宜兴市有丰富的紫砂矿藏，在丁蜀镇黄龙山一带的岩石之中，有天然化学成分较合理的紫砂泥，质地细腻，可塑性强，渗透性好，品质极优，色泽红而不嫣，紫而不姹，黄而不妩，墨而不黑。经过加工处理后，就可以直接制坯，熔烧出的成品十分绚丽，赤似红枫，紫似葡萄，黄似柑橘，俏丽多彩。1976年，江苏宜兴红旗陶瓷厂在丁蜀镇羊角山施工时，发现了一座古窑址，证实江苏宜兴陶瓷生产始于新石器时代。宜兴陶器的烧造造历史悠久，尤其是紫砂陶器兼具实用与艺术价值，是中国国家地理标志产品，更是华夏民族五千年文化的璀璨结晶。

②特色

由于紫砂材质独特，给紫砂制成的茶壶增添了更为理想的使用之美。用紫砂壶泡茶，既不夺香又无熟汤气，不失原味，色、香、味皆蕴。在泡茶方面，紫砂壶的实用功能最为理想，古时苏东坡用紫砂陶提梁壶烹茶，写出诗句："松风竹炉，提壶相呼。"

用紫砂壶沏泡茶汤有如下特点：

◆ 紫砂陶表面不上釉，表面气孔率达到百分之十，透气而不漏水，"泡茶不走味、贮茶不变色、夏暑不变馊"。

◆ 砂质茶壶能吸收茶汤香气，使用一段时日能增积"茶锈"，这时往空壶里注入沸水也有茶香。

◆ 便于洗涤，日久不用，难免异味，可用开水烫泡两三遍，然后倒去冷水，再泡茶原味不变。

◆ 冷热急变适应性强，当外界气温较低导致壶体温度亦低时注入沸水，壶体不会因温度急变而胀裂，而且砂质传热缓慢，注入热水后，提、抚、握、拿均不烫手。

◆ 紫砂陶质耐加热（忌干烧），冬天置于温火之上煮茶，或放入微波炉加温，壶体也不会爆裂。

因为紫砂壶的宜茶特性，从古至今爱茶饮茶之人都对紫砂壶青睐有加。

（2）坭兴陶和坭兴壶

①产地

坭兴陶是以广西钦州市钦江东西两岸特有紫红陶土为原料制成的陶器。坭兴陶历史悠久，也是中国国家地理标志产品；与江苏宜兴紫砂陶、云南建水陶、四川容昌陶并列中国四大名陶。

钦州坭兴陶的原料是东泥和西泥，分布于横穿钦州市区的钦江两岸。东泥（白泥）取自钦江以东地域，取料后将其封闭存放，其外观致密质软，为软质黏土，颜色为红色中略显黄白色，含铁量高，并含微量石英砂，在坭兴陶的生产工艺中起调整可塑性及结合性的作用，在制作茶壶时，可增加壶的光滑和油润。西泥（紫泥）取自钦江以西地域，外观致密块状，为硬质黏土，颜色为紫红色，表层有少量铁质浸染，是一种含铁量较高的紫泥石，可塑性及结合性较差。取料后必须露天堆放，经过4～6个月的日照、雨淋、冰冻，使泥料发生碎散、溶解、氧化，以达到风化之效。制壶前，需将东泥（白泥）和西泥（紫泥）按一定的比例加水一起放入球磨机进行研磨和混合，制成陶器坯料，塑造好壶形后，不上釉，以1150℃以上高温烧制即成。

②特色

坭兴壶“东泥软为肉，西泥硬为骨”，“骨肉”得以相互支撑，无釉无彩，不添加任何陶瓷颜料，会在烧制中窑变产生“自然陶彩”，产生的“陶彩”无法人为控制，各种斑斓绚丽的自然色彩若隐若现，古铜、墨绿、紫红、虎纹、天蓝、天斑、金黄、栗色、铁青等色泽浑然天成，且质地细腻、有光润，为泡茶增添了很多意趣。

坭兴陶较紫砂而言，资源丰富，取之不竭，但文化价值偏弱，知名度也不高，故同属国家级工艺师的作品价值远低于紫砂价格。其实坭兴陶质地细腻，可在壶体进行雕刻或作画，工艺颇显出神入化。坭兴陶最大的特点还在于窑变，出色的窑变也是可遇不可求的。坭兴陶壶的透气性相比紫砂壶稍微逊色，却比陶瓷盖碗胜出一筹，从泡茶的物理性能上比较，坭兴陶介乎紫砂壶和陶瓷盖碗之间，比较“中庸”。

## （二）用壶泡茶

### 1. 紫砂壶泡乌龙茶

#### （1）乌龙茶及其特色

乌龙茶，亦称青茶，属部分变色茶；它既有红茶浓鲜味，又有绿茶清芬香，是我国独具鲜明特色的茶叶品类。乌龙茶由宋代贡茶龙团、凤饼演变而来，创制于1725年（清雍正三年）前后。品尝后齿颊留香，回味甘鲜。乌龙茶为中国特有的茶类，主要产于福建的闽北、闽南及广东、台湾四个产区。近年来四川、湖南等省也有少量生产。

青茶是六大茶类中出现最晚的一个茶类，在制法上综合了红、绿茶及其他茶类的优点，具有很强的科学理论和先进的技术措施。而且品质独特、种类繁多，是其他茶类所不能比拟的。做青是乌龙茶加工中最关键的工艺，在此步骤中，因茶青变色程度不同，汤色从淡青色到橙红色深浅不一。由于各产区地域、茶树品种及加工时部分工艺的差异，乌龙茶又可分为闽北乌龙、闽南乌龙、广东乌龙、台湾乌龙。各地域茶品特征非常明显，清纯、浓醇、鲜香，各具风情。

①乌龙茶分类

◆ 闽北乌龙

产于拥有丹霞地貌的福建省北部武夷山景区，茶树品类繁多，以大红袍、水金龟、铁罗汉、白鸡冠、水仙、肉桂等最为常见，素有“岩骨花香”的美誉。自然型条索，变色较重，火焙干燥，所以茶性温和，味浓香高，火味足。

◆ 闽南乌龙

主产于福建南部地区，常见品种有铁观音、本山、毛蟹等，其中以安溪铁观音最为有名，干茶乌润结实、沉重似铁，茶条卷曲，肥壮圆结，沉重匀整。有“兰香音韵”的特质。

◆ 广东乌龙

主要产区在广东省东部的潮安县、饶平县、汕头市，以潮安的凤凰单丛和饶平的岭头单丛最为著名，花香分明，香型丰富，如：蜜兰香、芝兰香、柚花香等。在广东、香港特区、澳门特区及台湾地区都深受欢迎，海外侨胞也很喜爱凤凰单丛，在东南亚各国很畅销。

◆ 台湾乌龙

产于台湾省中央山脉大部地区，以变色程度不同分为包种茶类（轻变色）、青茶类（中变色）、乌龙茶类（重变色）三大类。以冻顶乌龙、文山包种、东方美人、阿里山茶等较负盛名。干茶多以紧结光滑的球形为主，茶底丰厚，香气高长。

**②乌龙茶特色工艺——“做青”**

乌龙茶品质优越主要与做青技术有密切关系。古老的传统做法是，在适宜的温湿度等环境下，把茶青放在一个大簸箕里，不停地摇动簸箕，称之为“摇青”，通过多次摇青使茶青叶片不断受到碰撞和互相摩擦，使叶片边缘逐渐破损，促进氧化、促进变色，发生“红变”现象，但是叶片的中间却仍然保持绿色。当变色到一定程度，将茶青进行高温杀青，阻止其继续变色，“红变”停止。此过程茶中内含物逐渐进行氧化和转变，散发出自然的花果香型，形成乌龙茶特有高花香，兼有红、绿茶的风味优点。

**③乌龙茶采摘的特点**

乌龙茶采摘属成熟采，须待新梢生长将成熟，顶芽已成驻芽，顶叶叶片开展度达八成左右，采下带驻芽的二三片嫩叶，俗称“开面采”。又按新梢伸展程度不同分为小开面、中开面、大开面。

**④制茶工艺**

乌龙茶的制作有萎凋、做青、炒青、揉捻、干燥等工序，其中“做青”是形成各类乌龙茶特有品质特征的关键工序，也是奠定乌龙茶独特香气和滋味的基础环节。

**⑤成品茶的特征**

乌龙茶成品外形紧结重实，干茶色泽青褐，香气馥郁，有天然花香味。汤色金黄或橙黄，清澈明亮，滋味醇厚，鲜爽回甘。乌龙茶具有特殊的韵味，如武夷岩茶具有“岩韵”、铁观音具有“观音韵”、台湾冻顶乌龙具有“风韵”等。

### （2）紫砂壶泡乌龙茶

①备茶备具。

②介绍茶具。

③洁具：注入100℃热水至茶壶中。

④温烫公杯。

⑤温烫品茗杯。

⑥弃水：将废水倒入水盂中。

⑦赏茶：展示所泡茶叶。

⑧置茶：用茶匙将茶叶置于茶壶中（8克）。

⑨温润泡：注入100℃热水至茶壶中。

⑩浸润茶叶10秒钟左右，将温润泡的茶汤倒入水盂中。

⑪冲泡：再次注入100℃热水高冲至茶壶中，第一泡冲泡时间10秒（第二泡15秒，第三泡以后每次20秒钟）。

⑫出汤：将紫砂壶中泡好的茶汤倒入公道杯。

⑬分茶：将泡好的茶汤斟入品茗杯中。

⑭奉茶。

⑮品饮茶汤。

⑯做茶完毕。

TIPS：将茶汤倒入品茗杯，先观汤色，进而品其味，及至喉韵之感觉，细细品尝，闽南铁观音幽香风雅、闽北岩茶馥郁高长、广东单丛芬芳清新，千茶千味，滋味百态。

⑪
⑫
⑬
⑭
⑮
⑯

（3）乌龙茶的特殊讲究

①紫砂壶材质、器形适宜乌龙茶

由于乌龙茶的变色程度较为复杂，所以带来了千姿百态的香型，而紫砂壶的材质粗糙且气孔多，吸香能力强的特质更适合彰显乌龙茶特有的天然花果香，并让茶香浓郁持久。紫砂壶嘴小、盖严，能有效地防止香气过早散失。长久使用的紫砂茶壶，内壁会挂上一层棕红色的“茶锈”，使用时间越长，茶锈积在内壁上越多，故冲泡茶叶后茶汤会越加醇郁芳馨。长期使用的紫砂茶壶，即使不放茶，只倒入开水，也依然茶香诱人，这些特质是其他材质的茶具不能比拟的。

②沸水淋壶激发茶香

沏泡过程中亦可将开水从壶盖冲下以淋湿壶身，使茶壶内外温度一致，以充分浸出滋味、释出乌龙茶的香气。

③冲泡时间每泡不一

乌龙茶在紫砂壶中每一次沏泡的时间由短而长，第一泡短而后逐泡增长。泡茶的时间长短不同，茶汤中可溶物析出的量与质亦是不同，因此沏泡茶的时间长短会直接影响茶汤的品质和滋味。

| 品种 | 水温 | 沏泡时间 | 次数 | 茶具的选择 |
|---|---|---|---|---|
| 轻变色乌龙 | 95℃ | 40～60秒 | 4～10泡 | 紫砂壶 |
| 中变色乌龙茶 | 90～100℃ | 30秒 | | |
| 重变色乌龙茶 | 100℃ | 30～60秒 | | |

备具

### 2. 黑茶

#### （1）关于黑茶

黑茶属六大茶类之一，是中国特有的茶类，是利用菌群发酵的方式制成的茶叶，属后发酵茶，因为成品茶的外观呈黑色而得名。明朝时，黑茶被定为“官茶”，专销蒙、甘、青、新、宁、藏等少数民族地区，故又称“边（销）茶”。黑茶生产历史悠久，产区广阔，销售量大，花色品种多。目前，黑茶产量占全国茶叶总产量四分之一左右，以边销为主，部分内销，少量外销。

按照黑茶出产地域划分，黑茶主要分为：云南黑茶（普洱茶），湖南黑茶（茯茶、千两茶等），湖北黑茶（青砖茶），四川黑茶（藏茶），安徽古黟黑茶（安茶），广西黑茶（六堡茶），陕西黑茶（茯茶）。

**①黑茶采摘的特点**

黑茶的采摘标准有别于红茶、绿茶，无须追求鲜叶的细嫩程度，黑茶的鲜叶原料多为粗老梗叶，即使个别品种的黑茶鲜叶原料较细嫩，但对成熟度也有一定要求。饮茶者们多数认为“嫩者优，老者劣”，其实不然，成熟茶叶（粗老梗叶）内含有的营养物质对人体益处颇多，如茶多糖、茶多酚等成分的含量就会比细嫩芽叶更丰富，但是由此而带来的苦涩口感也让人难以接受，而黑茶发酵的工艺恰好解决了这一口感体验上的瑕疵。

**②黑茶制茶工艺**

黑茶的基本工艺流程是杀青、初揉、渥堆、复揉、烘焙。黑茶一般原料较粗老，加之制造过程中往往堆积发酵时间较长，因而叶色油黑或黑褐。“黑茶制作技艺”经国务院批准已列入“第二批国家级非物质文化遗产名录”。

**③黑茶成品茶的特征**

传统黑茶采用的毛茶原料成熟度较高，成品干茶黑褐油润，汤色红浓明亮，滋味醇和，香气醇陈，具有独特枣香、槟榔香等。

黑茶成品茶外形分为两类：

- 紧压茶（砖茶），如茶饼，茶砖（茯砖、花砖、黑砖、青砖，俗称“四砖”），花卷（十两、百两、千两茶等）及碗臼形（沱茶）和其他形状（南瓜、葫芦等）。
- 散茶，如天尖、共尖、生尖，统称“三尖”。

### 3. 黑茶——广西六堡茶

广西黑茶最著名的是梧州六堡茶，因产于广西梧州市苍梧县六堡乡而得名，已有上千年的生产历史。采摘一芽二三叶，经杀青、揉捻、渥堆、复揉、干燥，制成毛茶后再加工时仍需潮水渥堆，蒸压装篓，堆放陈化。

梧州六堡茶是特种黑茶，品质独特，香味以陈为贵，有独特槟榔香气，越陈越佳。成品茶主要特点是红、浓、醇、陈。在港澳地区，以及东南亚、日本等地有广泛的市场。

**（1）关于六堡茶**

广西梧州苍梧六堡镇是六堡茶的发源地，也是“茶船古道”的源头。相比耳熟能详的“茶马古道”，“茶船古道”似乎没那么知名，但这条连接两广的水路当年却在通往南洋的国际贸易中盛极一时。当年大量的六堡茶从六堡镇的合口码头搭乘小船，经梨埠换成大木船到封开，再从封开换上电船抵达广州，最后由广州销往南洋和世界各地。这就是著名的“茶船古道”。六堡茶虽然历史久远，却一直默默无闻。直到20世纪20年代，中国劳工下南洋的波折经历，才让六堡茶广为人知。

**（2）六堡茶采摘**

采摘时间：鲜叶采摘一般从3月中旬至11月。

采摘标准：一芽一叶至一芽三、四叶及同等嫩度对夹叶。

采摘方法：人工采摘或机械采摘。

**（3）六堡茶工艺**

六堡茶加工工艺分为初制、精制两个过程。

**①初制加工工艺流程**

鲜叶—杀青—初揉—堆闷—复揉—干燥—毛茶。

**初制加工**

鲜叶：选用适制茶树品种的芽叶为原料。

杀青：要均匀，杀青以叶质柔软，叶色转为暗绿色，青草气味基本消失为适度。

初揉：趁温揉捻至成条索。

堆闷：初揉结束后筑堆堆闷，当堆温达到55℃时，及时进行翻堆散热，当堆温降到30℃时再收拢筑堆，继续堆闷直到适度为止。

复揉：再次揉捻成条索状。

干燥：干燥至茶叶含水分不超过15%，成为毛茶。

**②精制加工工艺流程**

毛茶—筛选—拼配—渥堆—汽蒸—压制成型—陈化—成品。

**精制加工：**

筛选：将毛茶通过筛分、分选、拣梗。

拼配：按品质和等级要求进行分级拼配。

渥堆：根据茶叶等级和气候条件，进行渥堆发酵，适时翻堆散热，待叶色变褐，发出醇香即可。

汽蒸：渥堆适度茶叶经蒸汽蒸软，形成散茶。

压制成型：趁热将散茶压成篓、砖、饼、沱等形状。

陈化：将茶叶置于清洁、阴凉、通风、无异杂味的环境内，待茶叶温度降至室温，茶叶含水量降至18%以下，先移至清洁、相对湿度在75%至90%、温度在23℃至28℃、无异杂味的环境（洞穴）中陈化，然后移至清洁、阴凉、干爽、无异杂味的仓库中陈化。陈化时间不少于180天制成成品。

**（4）六堡茶的成品特点**

**①外形特点**

特级、一级的茶，大多以一芽一叶或者是一芽二叶这类嫩度较高的六堡茶叶为主，因为鲜叶的含水量比较高，芽头、叶片又都较为柔软，在揉捻时容易成型，因此条索紧且匀整，色泽也比较油润。而一些较为粗老的六堡茶叶、梗，纤维素含量比较高，因而韧性较好，不易成型，所以等级较低的六堡茶大多都比较粗、散。

**②内质特点**

由于不同部位茶鲜叶的成分含量不一样，因此呈现出来的香气、汤色、滋味、叶底等都会略有不同。

香气：六堡茶的香气变化比较丰富，无论是加工方式、还是存储方式的不同，香气都会有所差异，甚至同一批茶叶在不同时期去品饮、香气都会有所差异，香气都会有所改变。但是等级低的茶，香气比较平和；等级高的茶，香气则更加丰富。

汤色：等级较高的六堡茶汤色浓厚；而老叶、茶梗制成的茶则汤色稍浅。

滋味：六堡茶的特点是口感厚，蜜香显，略带松烟香，陈年会出槟榔香。有祛湿和调理肠胃的功效，还有解腻化滞的功效。

叶底：六堡茶泡开后，叶底的区别也是比较明显的。嫩芽与嫩叶都是比较小而且油亮的，而真叶和茶梗则很容易就能分辨出来，而且光泽也略差一点。

### 4. 陶壶泡六堡茶

①备茶茶具：将需要的茶、茶具准备好。

②洁具：注入100℃热水至茶壶中。

③旋转壶身，均匀预热。

④温烫公杯。

⑤温烫品茗杯。

⑥弃水：将废水倒入水盂中。

⑦赏茶：展示所泡茶叶。

⑧置茶：用茶匙将茶叶置于茶壶中（7克）。

⑨温润泡：注入100℃热水至茶壶中。

⑩将温润泡的茶汤倒入水盂中。

⑪冲泡：再次注入100℃热水高冲至茶壶中，第一泡冲泡时间10秒（第二泡15秒，第三泡以后每次20秒钟）。

⑫出汤：将壶中泡好的茶汤倒入公道杯。

⑬分茶：将泡好的茶汤斟入品茗杯中。

⑭品饮：汤色红浓明亮，滋味醇和爽口，略感甜滑，香气醇陈，具有独特槟榔香味，素以“红、浓、醇、陈”四绝而著称。

⑬

⑭

### 3. 瓷壶泡红茶

#### （1）关于红茶

红茶，创制伊始时称为“乌茶”，英文为Black tea，干茶乌黑发亮，冲泡后的茶汤红浓明亮，叶底深红而得名。红茶需经过采摘、萎凋、揉捻、变色（以茶多酚酶促氧化为中心的化学反应）、干燥等工艺步骤精制而成，是完全变色茶，属中国六大基础茶类之一，红茶的种类较多，按照其加工的方法与出品的茶形，一般可分为三大类：小种红茶、工夫红茶和红碎茶。

**①红茶分类**

小种红茶。“正山小种”是世界红茶鼻祖，是世界上最早的红茶，由中国明朝时期福建崇安县（现武夷山市）桐木关茶区的江氏茶农发明制作；产于福建的政和、坦洋、古田、沙县等地的小种红茶称“外山小种”。

◆ 工夫红茶

中国很多茶产区都生产工夫红茶，较为著名的有：祁门工夫，主产于安徽省祁门县一带，以“祁门香”闻名于世，位居世界三大高香名茶之首；滇红工夫，属大叶种类型的工夫茶，主产于云南的临沧、保山、凤庆等地，是我国工夫红茶的后起之秀；闽红工夫，是政和工夫、坦洋工夫和白琳工夫的统称，均系福建特产；湖红工夫，产自湖南安化、平阳、长沙、涟源、浏阳、桃源、邵阳、平江、长沙一带；宁红工夫，产自江西省修水、武宁、铜鼓一带；川红工夫，产自四川省宜宾、重庆等地；宜红工夫，产自湖北省的宜昌、恩施等地区；越红工夫，产自浙江省的绍兴、诸暨、嵊州一带；浮梁工夫，景德镇古称“浮梁”，此茶产自江西景德镇一带的山区和丘陵地带；湘红工夫，产自湖南湘西的石门、慈利、桑植、张家界等县市；此外还有产自福建省安溪县的铁观音红、产自广东潮安的粤红工夫等。

◆ 红碎茶

红碎茶亦名切细红茶，红碎茶按其外形又可细分为叶茶、碎茶、片茶、末茶，是国际市场的主销品种，在中国属外销红茶的大宗产品。我国的红碎茶主要产于云南、广东、海南、广西、贵州、湖南、四川、福建等省（自治区），其中以云南、广东、海南、广西用大叶种为原料制作的红碎茶品质最好。

国外产的红茶多数为机器制作的碎茶，知名产地有印度大吉岭和阿萨姆、斯里兰卡、肯尼亚。

**①红茶原料的选择**

红茶的生产以适宜制作本品的茶树新芽叶为原料，一般要求使用茶多酚类含量丰富，蛋白质含量低的鲜叶，有利于发酵，以形成红茶、红叶、红汤的品质特征。

鲜叶质量的优次，直接关系制成红茶的品质。生产红茶首先要有适制红茶的品种，如云南大叶种，叶质柔软肥厚，茶多酚类化合物等化学成分含量较高，制成的红茶品质特别优良。福建政和、福鼎大白茶、储叶种、海南大叶、广东英红一号以及江西宁州种等都是适制红茶的好品种。

**②红茶的工艺**

红茶需经过采摘、萎凋、揉捻、变色（以茶多酚 酶促氧化为中心的化学反应）、干燥等工艺步骤精制而成，

**③红茶成品茶的特点**

经冲泡后呈红色汤汁，味甘性温，含有丰富的蛋白质，具有提神益思、解除疲劳等作用。冬季，北风凛冽，寒气袭人，人体阳气易损。此时，以选用味甘性温的红茶为好，以温育人体的阳气，尤其适用于女性。红茶红叶红汤，给人以温暖的感觉。

（2）瓷壶冲泡红茶

①备茶备具：将准备的茶和具，提前准备好。

②温烫壶：热水注茶壶中，旋转壶身，均匀预热。

③温烫公杯：将壶的水注入公杯，均匀受热。

④温烫品茗杯：将公杯里的热水注入品茗杯里，均匀受热，同时也起到清洁的作用。

⑤赏茶：欣赏什茶的外观、色泽、匀整度。

⑥置茶：用茶匙将茶叶置于茶壶中。

⑦润茶：将开水注入壶里，唤醒茶叶，温润泡。

⑧弃水：第一泡润茶的茶水不饮用，直接倒入水盂里。

⑨注水泡茶：将开水冲入茶壶里，力度大，沿着壶壁高冲，将红茶的香气激发出来。

⑩分茶：将茶汤倒入品茗杯。

⑪品饮：茶杯里的红茶汤，花果香高扬，汤色橙红透亮，口感甘甜浓鲜，杯底留香持久。

TIPS：一杯茶香浓郁、赏心悦目的红茶，沏泡品饮器具的选择很有讲究。红茶是属于温性的充分变色茶品，茶汤颜色金黄、橙黄透亮，可选用内壁施白釉的白瓷、红釉瓷的瓷壶、品茗杯沏泡等，茶具内里色白，细致洁净，能更好地烘托出红茶色如玛瑙般的清透汤色。瓷茶具有聚香之功能，能让茶汤的香气更加持久，有助于杯底留香，是冲泡红茶的佳选。

（3）红茶的特殊讲究

①源于中国，风靡欧洲

中国明末清初时期，由于时局动荡，福建崇安县（现武夷山市）桐木关的茶农们贻误了制茶时机，为挽回损失，误打误撞做了一款新茶品，被欧洲商人取名为“BLACK TEA”（乌茶），世界红茶鼻祖“正山小种”就此横空出世。16世纪末17世纪初，正山小种红茶被荷兰商人带入欧洲。1662年葡萄牙公主凯瑟琳（1638~1705年）嫁给英国国王查理二世时，丰厚的嫁妆里就有几箱来自中国的“正山小种”红茶和名贵的中国瓷器。凯瑟琳公主将自己酷爱的饮用红茶的生活习惯带入英国宫廷，她也被英国人称为“饮茶皇后”。

早期的英国伦敦茶叶市场中只出售正山小种红茶，并且价格异常昂贵，被视为珍品，成为贵族身份的象征。英国人挚爱红茶，渐渐地把饮用红茶演变成一种高尚华美的品饮文化，后逐渐演化成“下午茶”。当时，英国的茶叶几乎全从中国进口，对华贸易逆差造成巨大的财政压力，于是英国人开始向中国贩卖鸦片以求得财政平衡，这也成了日后鸦片战争爆发的原因之一。

②英式下午茶

一首英国民谣唱道：当时钟敲响四下时，世上的一切瞬间为茶而停。

英式下午茶是19世纪40年代早期形成的与茶有关的一套社交仪式。当时英国人一天最重视的是早餐和晚餐，贵族一般在上午10点左右吃早餐，晚上8点后才用晚餐，两餐之间的时间里，英国人常常要忍饥挨饿。贝德福德第七公爵的夫人安娜，总是在下午4点感到饥饿时吩咐仆人备好一个盛有黄油、面包、蛋糕的茶盘以及一壶茶，悄悄在自己的闺房享用，很快她发现这个新习惯令人欲罢不能，便邀请朋友共享。渐渐地，其他的名媛贵妇们也开始效仿了这样的聚会方式，礼仪越来越正式，地点也从贵妇们的闺房移到了会客厅，慢慢就演变成了今日的下午茶。

◆ “High Tea”与“Low Tea”

在英国皇室和贵族们享用下午茶的年代，从事劳动的平民也会喝下午茶，用热而浓的茶与热食物来补充体力，这一餐并不是午餐与晚餐之间休闲的点缀，而是劳工阶级补充能量的正餐，由于平民们将茶和食物摆放在高的餐桌上，故称之为“High Tea”。而贵族们享用英式下午茶时，客人们是坐在低矮的沙发上，茶点也摆在较低的茶几上，故称之为“Low Tea”，如果再增加一杯香槟，则称为“Royal Tea”。

◆ 英式下午茶茶点

英式下午茶Low Tea中最经典的就是茶饮和茶点的精心搭配。精美的茶具、餐具，一壶颜色橙黄透亮的红茶，可自由加入的糖和奶。茶点会放在精致的三层托盘架里，茶点的摆放位置也大有讲究，通常是根据茶点的口味从咸到甜由下自上摆放：底层放三明治，尺寸须是可用手指拿起的大小，经典的三明治口味有黄瓜、软

乳酪、苏格兰烟熏三文鱼、鸡肉、火腿和黄芥末；中层是司康饼，树莓、草莓口味果酱，蜂蜜以及凝脂奶油。司康饼在英式下午茶中的地位举足轻重，直接关乎下午茶是否完美。（第三层放各种甜品，这是考验各个厨师技术的关键时刻。这是三层茶点搭配阐述了从咸到甜的口味。）

◆ 英式下午茶礼仪

英式下午茶以红茶为主，种类繁多，主要有阿萨姆、大吉岭、伯爵茶、锡兰（斯里兰卡）茶等几种。都是直接冲泡茶叶，再用茶漏过滤掉茶渣才能倒入怀中饮用，并且只喝第一泡，奶茶则是先加牛奶再加茶。英式下午茶有一套复杂优雅的饮茶社交礼仪，是淑女绅士们社交入门的基本功。

司康饼应怎么吃？司康饼是英式红茶的标配，因为比较松软，所以不能用刀切，也不能像吃汉堡一样抱着啃，否则会掉落饼屑，正确的吃法是：趁热取食新鲜烤出的司康饼，用手掰成两半，先涂果酱，再涂奶油，吃完一口，再涂下一口。

该不该搅拌红茶？标准做法是，两手配合一手握住茶杯托，另一手把勺子放在杯内的六点钟位置，用勺子顺时针在杯子半边来回转动几次，不要搅出漩涡，然后再从6点钟位置把勺子拿出，放在茶杯托上。

茶勺放哪里？一定不要放在茶杯里，而是要放在茶杯托上。若是将茶勺放在茶杯里，则是在向女主人暗示不再需要添茶了。

怎么拿茶杯才优雅？茶杯和茶托必须一起使用，喝茶的时候双手配合，一手捧稳茶托，另一手轻拿茶杯，欧洲传统礼仪要求用大拇指、食指和中指轻轻捏住杯柄，微微抬起小指保持平衡，但一定不要翘成兰花指。

# 三、用盖碗泡茶

## （一）关于盖碗

盖碗是一种上有盖、下有托，中有碗的汉族茶具。盖碗茶具，有盖，有托，有碗，造型独特，制作精巧；又称“三才碗”“三才杯”，盖为天、托为地、碗为人，暗含天地人和之意。

### 1. 盖碗的来历

有关“盖碗”茶具的文字记录始见于晚唐宗正少卿李匡文撰写的《资暇录》卷下《茶托子》：“建中蜀相崔宁之女以茶杯无衬，病其熨指，取碟子承之，抚啜而杯倾，乃以蜡环碟子之央，其杯遂定。即命匠以漆环代蜡，进于蜀相。蜀相奇之，为制名而话于宾亲。人人为便，用于世。是后传者更环其底，愈新其制，以至百状焉。”原来“盖碗”茶具的发明和推广者是一位唐朝官宦之女。唐德宗建中年间（780～783年），当时的西川节度使兼成都府尹崔宁的千金崔小姐品饮香茗时，不慎被茶杯烫到了纤纤玉指，此女兰心蕙质、冰雪聪明，她想了个办法来解决热茶杯烫手这个问题；她找到一个碟子，把茶杯放在上面，端着碟子喝茶，手就不会再接触到热茶杯了。不过，茶杯放在盘子上还是容易倾倒，崔小姐锲而不舍几经试验，终于她发现用蜡液塑一个环，放在碟子上就可以把茶杯稳稳固定；为了让外形更美观，崔小姐又命匠人制作了“漆环”代替“蜡环”，固定住茶杯的底部；大功告成后，她得意地把自己的“小发明”拿给父亲品鉴。虽然崔小姐久居深闺，但是她的“小发明”却广为人知，此后，“盖碗”茶具流芳百世。其后盖碗又经过后人的改良，茶碗的造型上（口）大下（底）小，碗盖可入碗口内，茶托做底承托茶碗。现在市场上的盖碗茶具花色繁多，款式纷呈，白瓷、青瓷、彩瓷、青花、汝窑、玻璃、紫砂，多姿多彩，不可胜数。

鲁迅先生在散文《喝茶》中这样写道：“喝好茶，是要用盖碗的。于是用盖碗。果然，泡了之后，色清而味甘，微香而小苦，确是好茶叶。”在众多款式的茶器之中，大文豪鲁迅先生为什么单单对“盖碗”情有独钟，且不惜笔墨大加赞赏呢？鲁迅先生对盖碗泡茶

是很认可的，盖碗泡茶的优势在于好控制，碗口出水便捷，洗茶刮沫方便，无论是叶底香气还是叶底状态都能够很直观地表现出来，方便操作。

### 2. 盖碗的用法

盖碗倒水、倒茶时的拿法是：将“碗盖”斜盖，留出一道8～12毫米的缝隙，大小足以出水，又可滤掉茶叶片。食指按住盖纽，拇指、中指抓住碗沿，倾倒碗身快速出汤。

“盖碗泡茶法”可分为单人使用与多人使用两种方式。

#### （1）泡、饮合用的“个人单次”使用

“盖碗”原本是“个人单次”使用的茶器，冲泡与饮用功能合二为一，将茶叶放入碗中，冲水后端给客人饮用。单人使用盖碗茶具饮茶，不必完全揭盖，只需半张半合，茶叶既不入口，茶汤又可徐徐沁入口中，盖也不易滑落，手端茶托可免烫手之苦，亦可稳定重心，甚是惬意。

#### （2）泡茶之用的供多人饮茶使用

“盖碗”亦可用作“茶壶”来泡茶，供多人饮用，其方便之处在于：方便观赏茶汤，易于掌握浓度；可以直接欣赏泡开后的叶底，去渣清洗比茶壶更方便快捷；盖碗可谓是“万能主泡器”，可随意搭配公杯，品茗杯，组合成了另一种形式的沏泡茶器。

盖碗泡茶不讲繁文缛节，无论是在人声嘈杂的茶铺，还是在装饰精致的雅室，捧一盏盖碗茶，用茶盖轻拨茶汤，总有馥郁的生活气息扑面而来。

## （二）用盖碗泡茶

### 1. 盖碗泡乌龙茶

①备茶备具：将茶叶、茶具提前备好。

②温盖碗：注入100℃热水至茶碗中，旋转茶碗，均匀预热。

③温公杯：将盖碗的热水倒入公杯中，旋转公杯，预热均匀。

④弃水：将温品茗杯的水倒入水盂。

⑤赏茶：观赏干茶外观、色泽、匀整度。

⑥置茶：用茶匙将茶叶（5克）拨入盖碗中。

⑦温润泡：注入100℃热水至盖碗中浸润茶叶10秒钟左右（温润泡的茶汤不饮用，倒掉）。

⑧泡茶：将开水注入盖碗中泡茶。

⑨出汤：将盖碗中泡好的茶汤倒入公杯。

⑩分茶：将茶汤倒入品杯，随即闻其香味。

⑪请茶品饮。

TIPS：盖碗最能保持茶品真实的味道，使用盖碗泡乌龙茶，不为其增色也不会减分，可以更加客观地品鉴乌龙茶的精髓。品茶时，先观汤色，进而察其味，感受“喉韵”，细细品尝，闽南铁观音幽香风雅、闽北岩茶馥郁高长、广东单丛芬芳清新，千茶千味，滋味百态。

①

②
③
④
⑤
⑥
⑦
⑧
⑨
⑩
⑪

### 2. 盖碗泡普洱熟茶

①备具备茶：提前将茶叶、茶具准备好。

②洁具：注入100℃热水至盖碗中，旋转盖碗，均匀预热，再将盖碗的水倒入水盂里。

③赏茶：观赏茶叶外观、色泽、匀整度。

④置茶：用茶匙将茶叶（5克）拨入温热的盖碗中。

⑤温润泡：注入100℃热水至盖碗中（以盖子不浸到水为原则）浸润茶叶10秒钟左右。

⑥弃水：温润泡的茶汤不饮用，倒入水盂中。

⑦冲泡：再次注入100℃热水高冲至茶碗中，第一泡冲泡时间10秒（第二泡15秒后出汤，第三泡以后每次20秒钟后出汤）。

⑧出汤：将茶碗中泡好的茶汤倒入公杯。

⑨分茶：将公杯里后茶汤分入品茶杯中。

⑩请茶品饮：将茶汤倒入品茗杯，汤色红浓明亮，滋味醇和爽口，略感甜滑，香气醇陈。

③
④
⑤
⑥
⑦
⑧
⑨
⑩

# 四、老茶煮茶法

## （一）关于老茶

### 1. 老白茶

白茶是中国六大茶类之一，成茶满披茸毛，色白如银，故名白茶。产自福建东北部，主要产区在福鼎、政和、松溪、建阳等地。白茶属轻微变色茶，指一种采摘后，不经杀青或揉捻，只经过晒或文火干燥后加工的茶。其茶叶成品外形芽毫完整，满身披毫，毫香清鲜，汤色黄绿清澈，滋味清淡回甘。

老白茶，即贮存多年的白茶。通常，成品茶的保质期为两年，超过保质期的成品茶香气就会散失殆尽。而白茶却不同，它与普洱生茶一样，贮存年份越久茶味越是醇厚香浓，素有“一年茶、三年药、七年宝”之说，一般贮存五六年的白茶就可算老白茶，而贮存十几二十年的老白茶则非常难得。白茶在贮存过程中，茶叶内部成分缓慢地发生着变化，香气成分逐渐挥发、汤色逐渐变红、滋味也变得愈加醇和，茶性也逐渐由凉转温。白茶的贮存时间愈长，其保健功效愈好，因此老白茶极具品饮价值，贮存年份越久的白茶，营养价值和保健功效就越出色。

老白茶一般指贮存五年以上的白茶，基本都是贡眉，经过时间沉淀，陈化后的茶香和回甘令饮茶者陶醉。老白茶回甘十足，五年枣香多，七年香浓，素有“茶中仙子”的美誉。中医药理证明，老白茶含丰富多种氨基酸，消热降火，消暑解毒，具有治病之功效。清代学者周亮工在《闽小记》中载：“白毫银针，产自太姥山鸿雪洞，其性寒，功同犀角，是治麻疹之圣药”。故在闽东北茶区（白茶产区）的居民把陈年的白茶用做麻疹患儿的退烧药。

老白茶煮后，其富含有的茶多酚、茶氨酸、茶多糖、茶黄素、咖啡因等有益成分更容易被人体吸收。煮后的老白茶不仅口感更佳，功效更强，饮后更是有一股舒展、温暖之气漫于胸腹之间。因此，泡煮老白茶特别适用于经常吸烟、喝酒、熬夜、长期使用电子设备的都市人群、老年人及爱美女性。老白茶“煮着喝”也日渐成为现代人喝茶新趋势、新时尚，成为公众喜爱的健康、养生的饮茶方式。

### 2. 老普洱

普洱茶是黑茶的一个重要分支，主要产于云南省的西双版纳、临沧、普洱等地区。以云南大叶种茶的芽叶为原料，经杀青、揉捻、晒干等工序制成各种嫩度的晒青毛茶，经熟成、整形、归堆、拼配、杀菌制成各种名称和级别的普洱茶。所谓“熟成”，《普洱茶》国家标准中有如下定义：一、云南大叶种晒青毛茶及其压制茶在良好贮藏条件下长期贮存（10年以上），使茶多酚等生化成分经氧化聚合水解系列生化反应，最终形成普洱茶特定品质的加工工艺；二、云南大叶种晒青毛茶经人工渥堆发酵，使茶多酚等生化成分经氧化聚合水解系列生化反应，最终形成普洱茶特定品质的加工工艺。前者加工出来是自然缓慢陈化的普洱生茶，后者生产出来的则是人工协助快速陈化的普洱熟茶。

老生普（古树黄金叶）

“老普洱”是指经过“熟成”工艺的普洱（生、熟）茶。经过这个过程，“老普洱”的茶性变得温和，内含物质丰富，数据显示，长期饮用普洱茶具有降脂、改善胰岛素抵抗及预防动脉粥状硬化和心血管疾病的发生等好处，由离体实验及动物实验的结果中发现，普洱茶提取物具有明显的抗氧化活性，可清除自由基，其中含有多种丰富的抗痛微量成分，饮用普洱茶能带来一定的保健效果。

普洱生、熟茶汤各具特色，或橙黄浓厚，或红浓明亮，香气高锐持久，香型独特，滋味浓醇，经久耐泡。

## （二）关于煮茶法

煮茶法，是指将茶叶入水烹煮的方式。中国人最早的饮茶形式是生吃咀嚼茶树鲜叶，后演变为生叶入水煮饮，从而形成了比较原始的饮茶方式，这也是中国唐代以前最普遍的饮茶法。

现代煮茶法对古代的煮茶法进行了改良，形成了一种更适合现代人生活方式的饮茶方式，将茶叶置于煮茶器或茶壶等容器内，添水后加温，待茶汤沸腾后，用小火慢慢熬煮。现代煮茶法类似于文火煲汤，其优点是能够较大限度地使茶叶内含物质溶出，使得茶汤滋味更为浓厚。

煮茶法尤其适合品饮老茶，老白茶和老普洱都是上选。

## （三）煮饮老普洱（古树黄金叶）

①备茶备具：提前将茶叶、茶具备好。铁壶需要提前预热，便于煮茶。

②置茶：用茶匙将茶叶夹入铁壶中（7克）。

③注水煮茶：注入少量100℃沸水至茶壶中浸润茶叶，开始煮茶。

④弃水：沸腾后20秒钟左右，将温润泡的茶汤倒掉。

⑤注水煮茶：再次注入热水煮茶。

⑥煮茶：煮茶时，温度逐渐调高，慢慢煨茶。

⑦出汤：将煮好的茶汤倒入公杯中。

⑧分茶：将公杯中的茶汤倒入品茗杯中。

⑨品饮：将茶汤倒入品茗杯，煮后的老白茶汤色橙黄明亮，香气怡人，药香枣香糯香荷叶香相伴兼具，汤感醇厚柔滑。

TIPS：

熬煮过程中，可倒出适量茶汤品尝，根据个人口味把握煮茶时间。首道茶汤倒出后，后续可继续熬煮两次，逐次延长煮茶时间。

# 五、点茶法

## （一）关于点茶

### 1. 点茶的来历

点茶法是古代的泡茶方式之一，即在茶盏里沏泡茶末并将茶汤进行搅拌，从而形成丰富泡沫的技法。点茶法初步形成于唐代中晚期，虽然当时的唐朝人饮茶方式以入釜煎、煮为主流，但是点茶法这种沏泡茶的技艺已经开始逐步兴起。众所周知，宋朝是一个风雅的时代，品茗、焚香、插花、挂画，被宋人合称为生活四艺（事），是当时文人雅士们雅致生活的重要内容。宋朝，品茗过程中的点茶法逐步取代了之前的煎茶法，“点茶”是点茶法品茗的一个基础环节，“点茶”一词在宋代茶学专著《大观茶论》和《茶录》中都有详尽论述，并频繁出现于宋人的文学作品中，可见点茶法已成为宋朝文人雅客最为推崇和盛行的饮茶形式。在宋朝，点茶法既适用于多人一起品茗，如斗茶时采用，也可以独人自煎（水）、自点（茶）、自品，均能给品茶人带来愉悦的身心享受。

### 2. 点茶、分茶和斗茶

#### （1）点茶

点茶所用之茶需经烤炙，然后将饼茶碾碎成细末，置于茶盏中待用。点茶即是注茶，用单手执壶，注入少量沸水至茶盏中浸湿茶末，调成糊状之后将水壶从高处向下再冲入沸水，同时使用茶筅用力击打、搅动，使茶末上浮，形成沫饽（茶汤浮沫）。

#### （2）分茶

分茶也称茶百戏、水丹青、汤戏、茶戏等等，用茶汤浮沫表现字、画的独特艺术形式，是兼具品饮和观赏价值的古代茶艺。原理是采用冲水、击打、搅拌来使沫饽（茶汤浮沫）变幻而形成文字或图案。宋朝皇帝宋徽宗、朝廷大臣以及文人雅士把分茶做到了极致，南宋大臣杨万里曾赋诗一首《澹庵坐上观显上人分茶》，生动而详尽地描述了他观看显上人（分茶艺术家）分茶时的精彩情景：

分茶何似煎茶好，煎茶不似分茶巧。蒸水老禅弄泉手，隆兴元春新玉爪。
二者相遇兔瓯面，怪怪奇奇真善幻。纷如劈絮行太空，影落寒江能万变。
银瓶首下仍尻高，注汤作势字嫖姚。

分茶技艺将茶由饮用功能上升至艺术欣赏，给人以赏心悦目的感受，深受文人雅士追捧。此项技艺兴起于唐朝末期，借助宋徽宗的推广，在两宋时期达到鼎盛，时至元明两朝逐渐凋零，最后失传于清代。

**（3）斗茶**

斗茶，又名斗茗、茗战，用于评比茶叶品质和比试品饮技艺；始于唐，盛于宋，是古人的一种饮茶娱乐活动，富有文雅色彩，带有强烈的赛事特色，且兼具趣味性和挑战性。在宋代，“斗茶”活动风靡全国，从皇家贵族到达官贵人，从文人墨客到平民百姓，无不以斗茶为乐事。斗茶过程中是依据点茶、分茶的操作来审评、鉴赏茶汤泛起的沫饽色泽、均匀度以及茶汤与茶盏衔接处的水痕。质量优等的茶品经过娴熟技艺操作后茶汤泛起的沫饽均匀、色泽鲜白，且沫饽“咬盏”，久吸附在盏壁上，经久不笑散者，可为赢家，反之则输。

## （二）点茶

①备茶备具：选用已经成品的茶末。将所需茶具备好。

②取茶末：将茶叶末放在茶盏之中；

③注汤：将煮好的沸水少量注入茶盏之中；

④调膏：用茶筅调匀少量的水和茶粉；

⑤运筅：以“茶筅”击拂茶汤，使茶面和水更好地混合，并泛起汤花。

⑥点茶完成，端起茶盛品饮。

③
④
⑤
⑥

# 六、茶礼

东方茶礼以“和、静”为根本精神。“和”是要求人们心地善良，和平共处，互相尊敬，互相帮助。“敬”是要有正确的礼仪，尊重别人，以礼待人。不仅提倡俭朴廉正、朴素的生活，还要求真诚的心意，为人正派。中国茶礼因各民族饮茶习俗不同而各具特色，生活化明显；日本茶礼程序化明显；韩国茶礼侧重于规程表现力。无论各国茶事礼仪如何变化，都强调茶的亲和、礼敬、欢快，把茶礼贯彻于各阶层生活之中，力求给人以清静、悠闲、高雅、文明之感，可谓是殊途同归。

## （一）何为茶礼

茶礼作为一种日常生活礼仪，它也是社会礼仪的一部分，因此，它具有一定的稳定社会秩序、协调人际关系的功能。它来源于中国几千年的“尊老敬上”和“和为贵”的文化思想，是人类在漫长的饮茶历史中积淀下来的表达情感的惯用形式。

## （二）古代茶礼习俗

客来敬茶是中华民族的传统习俗。

在古代，如果有一户人家生小孩，主人通常把第一位来庆贺的人称为踩生人，主人会泡上一杯上好的米花茶双手奉送给客人，客人将茶喝净，以表示对主人的谢意，同时以茶来祝福小孩健康、长寿、平安。客来敬茶可以说是我国很古老的礼仪了。

茶礼还是我国古代婚礼中一项隆重的礼节。明代许次纾在《茶疏考本》中说：“茶不移本，植必子生。”古人结婚以茶为识，认为茶树只能从种子萌芽成株，不能移植，否则就会枯死，因此把茶看作是一种至性不移的象征。所以，民间男女订婚以茶为礼，女方接受男方聘礼，叫下茶或定茶，有的叫受茶，并有一家不吃两家茶的习俗。同时，还把整个成婚的礼仪总称为“三茶六礼”。“三茶”，就是订婚时的下茶，结婚时的定茶，同房时的合茶。下茶又有男茶女酒之称，即订婚时，男家除送如意压帖外，要还要送茶；女方则要回送绍酒。婚礼时，还要行三道茶仪式。三道茶者，第一杯百果；第二杯莲子、枣儿；第三杯方是茶。接杯之后，双手捧之，深深作揖，然后向嘴唇一触，即由家人收去。第二道亦如此。第三道，作揖后才可饮。这是很隆重的礼仪。这些繁俗，现在几乎没有了，但婚礼的敬茶之礼，仍延续至今。

## （三）茶艺中的礼仪

凡来了客人，泡茶、待客的礼仪是中国茶文化里必不可少的。

当有客来访，可征求意见，选用最适合客人口感的茶叶和最佳茶具泡茶待客。为客人泡茶时，茶斟七分满，留下三分是情谊。

以茶敬客时，主人在陪同客人用茶杯泡茶饮茶时，如已喝去一半，就要添加开水，随喝随添，使茶水浓度基本保持前后一致，水温适宜。在饮茶时也可适当佐以茶食、糖果一起食用。

主人给客人递茶时，站起，并用双手将茶杯送给客人，然后说一声“请”。客人亦应起立，以双手接过茶杯，道以“谢谢”。不要坐着不动，这样会很不礼貌。添水时亦应如此。

上茶时，要先给客人上茶，再给自己人上茶。若客人较多，应先给主宾上茶。上茶时，先把茶盘放在茶几上，从客人右侧递过茶杯，右手拿着茶托，左手附在茶托旁边。要是茶盘无处可放，应以左手拿着茶盘，用右手递茶。注意不要把手指搭在茶杯边上，也不要让茶杯撞在客人手上。

如果用茶水和点心一同待客时，应先上点心。点心应给每人上一小盘，或几个人上一大盘。点心盘应用右手从客人的右侧送上。待其用毕，即可从右侧撤下。

中国是礼仪之邦，茶艺活动更是十分注重礼节，在茶艺活动中常用的礼节有五种：

### 1. 鞠躬礼

鞠躬是中国的传统礼仪，即弯腰行礼。一般用在茶艺工作者迎宾、送客或开始表演时。鞠躬礼有全礼与半礼之分。行全礼应两手在身体两侧自然下垂，弯腰90°。行半礼弯腰45°即可。

### 2. 伸掌礼

伸掌礼是在茶事活动中常用的特殊礼节。行伸掌礼时五指自然并拢，手心向上，右手从胸前自然向前伸。伸掌礼主要在请客人帮助传递茶杯或其他物品时用，一般应同时讲“谢谢”或“请”。

### 3. 注目礼和点头礼

注目礼即眼睛庄重而专注地看着对方，点头礼即点头致意。这两个礼节一般在向客人敬茶或奉上物品时可联合使用。

### 4. 叩手礼

叩手礼即以手指轻轻叩击茶桌来行礼。相传清代乾隆皇帝微服私访江南。一日，乾隆皇帝装扮成仆人，而太监周日清装扮成主人到茶馆去喝茶。乾隆为周日清斟茶、奉茶，周日清诚惶诚恐，想跪下谢主隆恩又怕暴露身份引起不测，在情急之下周日清急中生智，马上将右手的食指与中指并拢，指关节弯曲，在桌面上作跪拜状轻轻叩击以示恭敬，以后这一礼节便在民间广为流传。时下，按照不成文的习俗，长辈或上级给晚辈或下级斟茶时，下级和晚辈必须用双手指作跪拜状叩击桌面两三下；晚辈或下级为长辈或上级斟茶时，长辈或上级只需单指叩桌面两三下表示谢谢。也有的地方在平辈之间敬茶或斟茶时，单指叩击表示我谢谢你；双指叩击表示我和我先生（太太）谢谢你；三指叩击表示我们全家人都谢谢你。

鞠躬礼
注目礼
伸掌礼
叩手礼

### 5. 斟茶礼

用茶壶斟茶时，应该以右手握壶把，左手扶壶盖。在客人面前斟茶时，应该遵循先长后幼，先客后主的服务顺序。斟完一轮茶后，茶壶应该放在茶桌上，壶嘴向内，不可对着客人。茶水斟倒以七八分满为宜，谓之曰："酒满敬人，茶满欺人。"意为如果茶水斟满一是会使客人感到心中不悦，二是杯满水烫不易端杯饮用。当茶杯排为一个圆圈时，斟茶时一定要反时针方向巡壶，不可顺时针方向巡壶。因为反时针巡壶的姿势表示欢迎客人来，顺时针方向则好像是赶客人去。

## （四）茶艺服务仪态礼仪

茶艺服务的诸要素中，人是茶艺活动中最根本的要素，也是展现礼仪的最美要素。仪态礼仪体现在茶艺服务人员的站姿、坐姿、走姿等身形动作中。

站姿礼仪

### 1. 站姿礼仪

站姿是茶艺工作人员的基本功，亭亭玉立的站姿，不管在品茗服务区还是在表演台上，都能体现茶艺工作人员的整体美感，都能成为一道亮丽的风景线。

站姿的具体要求：

上半身要端正，收腹、挺胸、提臀，双肩平正，自然放松，双臂自然下垂或在丹田处交叉，右手置左手上。

双目平视前方，下巴微收，嘴巴微闭，面带

微笑，平和自然。

两脚脚跟相靠，两脚尖呈45°角。身体重心线应在两脚中间，向上穿过脊柱及头部，双腿并拢直立。女茶艺工作人员站立时，双脚呈“V”字形或“丁”字形，膝和脚后跟要靠紧；男茶艺工作人员双脚叉开站立，宽度窄于双肩，双手可交叉放在背后或右手搭在左手腕上，自然下垂。

站立时精神饱满、心情放松、气息下压、自然伸展，身体有向上之感，表情要温文尔雅。

茶艺工作人员优美典雅的站姿给人以优美高雅、庄重大方、精力充沛、信心十足和积极向上的印象。

### 2. 坐姿礼仪

由于茶艺工作人员在茶事活动中要沏泡各种茶，有时需要坐着进行，因此优美的坐姿也显得尤为重要。

坐姿的具体要求：

泡茶时，挺胸、收腹、头正肩平，肩部不能因为操作动作的改变而左右倾斜。

女士双腿并拢，男士双腿与肩同宽。

女士右手置左手之上，两手在虎口处交叉，平放在茶桌上，身体与茶桌有一拳的距离；男士双手握空拳放在茶盘两边，与肩同宽或略窄。

面部表情轻松愉悦，自始至终面带微笑。

坐姿是一种静态造型，端庄优美的坐姿，会给人以文雅、稳重、大方、自然、亲切的美感。坐姿礼仪在茶艺活动中又分为正坐、侧坐、跪式坐姿和盘腿坐姿。

**①正式坐姿**

茶艺服务人员入座时，略轻而缓，走到座位前面转身，右脚后退半步，左脚跟上，然后轻稳地坐下。最好坐椅子的一半或三分之二处，穿长裙子的要用手把裙子向前拢一下。坐下后上身正直，头正目平，嘴巴微闭，脸带微笑，小腿与地面基本垂直，两脚自然平落地面，两膝间的距离，男茶艺工作人员两腿打开比肩略窄，女茶艺工作人员双脚并拢，与身体垂直放置，或者左脚在前，右脚在后交叉成直线。

**②侧式坐姿**

根据茶椅、茶桌的造型不同，坐姿也要发生变化，比如茶桌的立面有面板或茶桌有悬挂的装饰物障碍，无法采取正式坐姿，可选用左侧或右侧点式坐姿。左侧点式坐姿要双膝并拢，两小腿向左斜伸出，左脚脚跟靠于右脚内侧中间部位，左脚脚掌内侧着地，右脚跟提起，脚掌着地。右侧点式坐姿则相反。

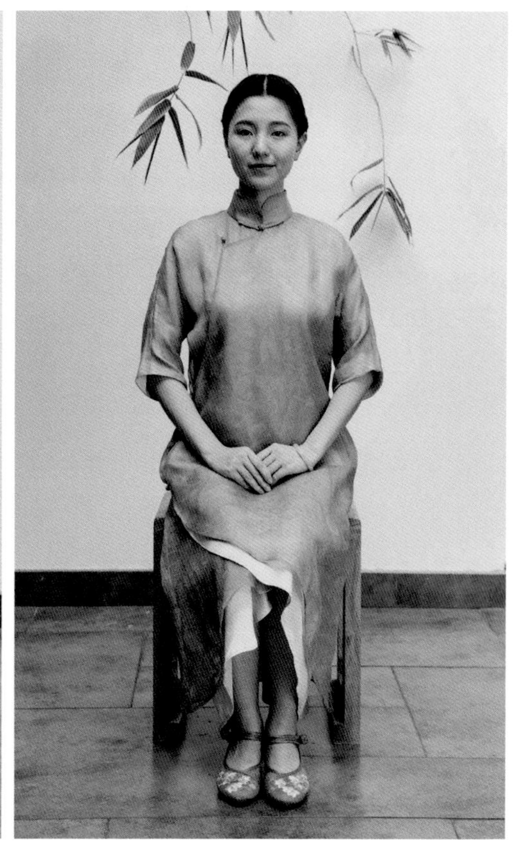

坐姿礼仪

③跪式坐姿（行日本茶道时的"坐姿"）

坐下时将衣裙放在膝盖底下，显得整洁端庄，手臂腋下留有一个品茗杯大小的余地，两臂似抱圆木，五指并拢，手背朝上，重叠放在膝盖头上，双脚的大脚趾重叠，臀部坐在其上，臀部下面像有一纸之隔之感，上身如站立姿势，头顶有上拔之感，坐姿安稳。

④盘腿坐姿

这种坐姿一般适合于穿长衫的男性或表演宗教茶道。坐时用双手将衣服撩起（佛教中称提半把）徐徐坐下，衣服后层下端铺平，右脚下，用两手将前面下摆稍稍提起，不可露膝，再将左脚置于右腿下，最后将右脚置于左腿上。

### 3. 走姿礼仪

人的走姿是一种动态的美，茶艺工作人员在工作时经常处于行走的状态中。走姿礼仪的具体要求：上身正直，目光平视，面带微笑；肩部放松，手臂自然前后摆动，手指自然弯曲；行走时身体重心稍向前倾，腹部和臀部要向上提，由大腿带动小腿向前迈进；行走线迹为直线。

步速和步幅也是行走姿态的重要要求，茶艺工作人员在行走时要保持一定的步速，不要过急，否则会给客人不安静、急躁的感觉。步幅是每一步前后脚之间的距离，一般不要求步幅过大，否则会给客人带来不舒服的感觉。

流云般的轻盈走姿，体现了茶艺服务人员的温柔端庄，大方得体。款款轻盈的步态，给茶客以动态美。茶艺工作人员的步幅应稍小些，因为步幅过大，人体前倾的角度必然加大，茶艺服务人员经常手捧茶具来往，较易发生意外。另外步幅过大再加上较快的速度，容易让人产生“风风火火”的感觉，会减弱茶馆的宁静和茶艺服务的优雅之感。

茶艺表演时，根据茶艺表演的主题、时代的背景、服饰的造型、情节的配合、音乐的节奏来确定走姿。走姿应随着主题内容而变化，或矫健轻盈，或精神饱满，或端庄典雅，或缓慢从容，可谓千姿百态，没有固定的模式。但不管哪一种走姿都要让人感到优美高雅、体态轻盈。

## （四）茶礼的仪式感

茶礼——茶的仪式，而不是喝茶。它不是茶楼、茶庄或茶会所，它是一座圣殿。在这里，仪式在进行。每日清晨冥想后，我们进入茶室，静静地喝会儿茶。一杯接一杯静静地啜饮，沉浸在它的味道、芳香和此时此刻的感觉中。在这个世界尚未完全苏醒之前，从容地泡着茶，享受着一天开始之时的宁静。浑然忘我，让仪式的一切步骤——备水、烫杯、置茶、泡茶、斟茶——自然而然地发生，尽量不去干涉它，让茶叶、水、器皿自然地靠近。当它们真正珠联璧合，一切归于沉静之际，一种神奇的完美出现在此，一种仪式。

为什么要用“仪式”一词呢？茶礼之所以称为一种“仪式”，是因为它存在于平凡的瞬间，是神圣的礼仪，是生命的礼赞。它是从意识提高到“存在”的推动力，是人们在平静的欢乐中彼此交往的手段。茶礼的核心是人，人的做法，决定了茶礼的超凡。我们拿出自己的器皿，虔诚地备水——心无旁骛地专注于自己的举动、姿势和内心的宁静。茶圣陆羽告诉我们：“总是把喝茶看成是生活本身”，而我会说，它就是生活本身。

茶礼之美在于：它应该无拘无束，无论发生在何时何地都游刃有余。我们找到上好的茶叶、上好的水，找到与周围环境的和谐。茶能够与世界、与他人沟通。茶改变了我们的观念，把我们本来忽略的每时每刻变得简单而神圣。因此它被称为“茶礼”。

# 第9章 茶会雅集

饮茶，在中国有着悠久的历史。自古至今，茶就具有多重属性，它从最初的药用发展到上至皇亲贵族下到平民百姓的日常饮品。作为饮料，它有解渴、保健的功能。而当饮茶被人们注入了审美的内涵时，茶文化便慢慢渗透到了中国人的精神世界里。茶作为一种文化的载体，有着集艺术、人文、社会功能等多方面的综合价值。随着其社会文化价值的日益丰富，不同的饮茶形式也不断出现。人们将这样的形式放入特定的场景中，便形成了茶席。而将独立或综合的茶席引入不同的主题活动即是茶会的范畴。

近年来随着国学和古典文化不断受到重视。全国各地有关茶会的活动也越发频繁。将茶会雅集结合其他的文化形式举办的各种活动层出不穷，逐渐得到了社会广泛的认可和人们的青睐。现代茶会可以为更多的人提供接触茶、了解茶，并且开始学习中国茶文化的机会与平台，对茶文化的发展起到了积极促进作用的同时，也为茶产业的发展提供了人文基础。

而在学术方面，在现代茶会中，人们对茶的种类、冲泡方法、品饮方法、保存方法、保健功效和文化内涵等都有着更为深入的探讨和了解，不仅促进了茶叶的消费，更提升了茶产品的文化附加值。海内外的学者们对茶的社会价值的研究与探索也日渐深入。

# 一、茶会的类型

## 1. 茶会的形成与发展

### (1)唐代茶会

茶会萌芽于两晋南北朝，兴起于唐代。而早在司马迁的《史记·项羽本纪》中便有“五人共会其礼，皆是”的记载。“茶会”一词的正式出现，首见于唐代钱起的《过长孙宅与朗上人茶会》。在《全唐诗》中亦有刘长卿《惠福寺与陈留猪官茶会》等诗篇。皎然在《晦夜李侍御萼宅集招潘述、汤衡、海上人饮茶赋》中言道：“晦夜不生月，琴轩犹为开。墙东隐者在，淇上逸僧来。茗爱传花饮，诗看卷素裁。风流高此会，晓景屡徘徊。”——品茶时高人雅士相聚，伴随琴韵、花香和诗草。这场茶会中有李侍卿、潘述、汤衡、海上人、皎然五人出席，其中三位文士、一位僧人，一位隐士，他们以茶集会，赏花、吟诗、听琴、品茗相结合，堪称风雅茶会。“茶会”形式自古以清静为上，“雅集”一词也正是描绘了唐代茶会上文人雅士的集聚胜景，绝不可如酒会般喧嚣。

茶会当时尚处初期，又称“茶宴”。在贡茶区，每年清明时节，都会举行茶会。唐代宫廷将大型茶会“清明宴”作为统治阶层的聚会形式。“清明宴”一词出自唐代李郢的《茶山贡焙歌》：“……十日王程路四千，到时须及清明宴”。清明宴是指清明时节在唐都城长安，依贡茶区茶会而制定的大型宫廷茶会。其间由朝中的礼官主持这一盛典，有规模较大的仪卫和侍从侍奉，并伴有音乐和歌舞。在唐代佚名的《宫乐图》中，便有将品茶与饮馔、音乐结合的生动描绘，表现了大唐奢华的宫廷茶会之景。

### (2)宋代茶会

文人茶会也是宋代茶会的主流。但是宋代最著名的还是斗茶会。“斗茶”又称之为“茗战”，明代陆树声《茶寮记》：“建人斗茶，为茗战”。而斗茶作为一种品评茶叶的活动，也产生了许多与斗茶相关的热榜名词，如：茗战、茶百戏、水丹青、咬盏、绣茶等。

“斗茶”时，以盏面水痕先现者为负，耐久者为胜。“斗茶”起源于福建的建安北苑贡茶选送的评比，后来民间和朝中上下皆效法比斗，进而成为宋代一时风尚。南宋刘松年作有《斗茶图》《茗园赌市图》等，反映了宋代斗茶风气之盛。宋徽宗赵佶《文会图》描绘的亦是文人集会的场面，而茶正是其中不可缺少的内容。

在南宋刘松年《撵茶图》中，左前方一人骑坐在矮几上磨茶；另一人站在桌

边，提着汤瓶在大茶瓯中点茶；面右侧有三人，一僧伏案执笔作书，一人相对而坐，似是观察，另一人坐其旁，双手展卷，而眼神却在欣赏僧人做书。品茶、挥翰、赏画，这描绘的就是属于文人雅士茶会。

在宋代，佛门茶会也颇为兴盛。其仪轨完整，更加威仪庄严。宋代禅院清规中，对于在什么时间吃茶，及其前后的准备工作，主客的礼仪，座位的安排、烧香的仪式等都有清楚细致的规定。

**（3）明清茶会**

明代同样十分盛行文人茶会。文徵明的《惠山茶会图》描绘了正德十三年（1518年）清明时节，文徵明同好友蔡羽等五人在惠山山麓的二泉亭举行清明茶会的情景，展示了茶会即将举行前茶人的活动。井亭内有两人围井栏盘腿而坐，一人腿上展书。一童子在取火，另一童子备器。一文士伫立拱手，似向井栏边的两文士致意问候。亭后一条小径通向密林深处，曲径之上两个文人一路攀谈，一书童在前面引路。这幅名画令人领略到明代文化茶会的艺术化情趣。

惠山茶会由来已久。惠山寺的主持普真（性海）喜与文士交往，常常招待四方雅士举行竹炉茶会、诗会。当时无锡著名画家王绂，专门为竹炉绘图，而学士王达为竹炉记序作诗，做成了珍贵的《竹炉画圈》流传于世，亦成为明代惠山一件盛事。

清代最著名的雅集茶会，首先要算是宫廷茶宴，据史料记载，在乾隆年间，重华宫曾大办“三清茶宴”。茶宴的主要内容是饮茶作诗，为了突出宫廷礼仪显得确有些繁文缛节，而其正象征着清代皇室的荣誉。而清代茶宴盛行，亦与清宫的重视有关。《清朝野史大观》“茶宴”条记载：“每年元旦后三天举行茶宴，由乾隆钦点，能赋诗的文武大臣参加。当茶宴开始时，乾隆升座，群臣两人一几，边饮茶边看戏。由御膳房供应奶茶。还要连句赋诗，仿柏梁体，命作联句以记其盛。复当席御制诗二章，命诸臣和之，岁以为常。”

统观明清时期，茶会的说法慢慢演变成为茶宴，人们更加注重茶带来的场景化社交功能。茶会成于唐、继于宋、盛于明，衰于清。

在清代，茶会虽然盛况不再，但茶馆却兴盛起来。“康乾盛世”时期，清代茶馆呈现出集前代之大成的景观，不仅数量多，种类、功能与前朝相比也出现极大的增长。而其间，茶会逐渐走向了民间。民间的茶会多以“茶馆”为固定场景。在《旧唐书·李玉传》中便有“茶为食物，无异米盐”的记载。而茶馆的诞生正是茶会文化与平民百姓的日常生活相结合的产物。当社会各个阶层因茶而聚，与其相对应的各种“功能型”茶馆便应运而生。有在茶杯交错中谈生意的“清茶馆”；有由帮会说是论非、吃“讲茶”的“讲茶馆”；有寻常百姓谈天论地的“老虎灶”；有至今还喜闻乐见的说书、曲艺“书茶馆”；也有文人雅士举办笔会、游人赏景的“野茶馆”等。其丰富性和广泛性也得到了极大的发展。

### 2. 茶会在国外的呈现

茶会在西方可以追溯到早期的贵族聚会。17世纪早期，茶从遥远的中国运到欧洲，便最先于皇宫中流行，后逐渐流传到贵族阶层，成为上流社会所热衷的神秘饮品。而后，茶不再是充满异国风情的昂贵药液，逐渐成为上流社会彰显品位和地位的高雅饮料。早期饮茶场所主要分为公共场所和私人场所。公共场所如咖啡馆，这里是绅士们的聚会天地，女性朋友的禁地。而私人场所主要为贵族家庭，这也是少数奢靡的贵族家庭之间开展的一种时尚聚会。

#### （1）欧洲茶会以荷兰为最

中国茶最早传入欧洲时，价格高昂，只有贵族和荷兰东印度公司的人才能享用

得起。而号称“海上马车夫”的荷兰在运入茶的同时，也将中国的茶壶、茶杯等相关商品一起输入到欧洲市场。据记载，约1637年前后，一些巨富商人的妻子便开始以茶接待朋友，而茶叶的输入量也随着需求的增大而逐渐增加。1666年茶叶价格因输入量增大而开始下降，其后随着输入量的不断增加，茶叶价格得以继续下降，饮茶在荷兰乃至欧洲得以进一步推广开来。当时富有的家庭辟有专门茶室，普通市民则在啤酒店饮茶。饮茶俱乐部的出现更是推动了一股妇女的饮茶热潮。在当时，茶会是一件十分郑重其事的事，饮茶客人多在下午两点光临。而主人接待十分郑重、礼貌周全。茶会上，女主人取出各种茶叶，放入配有银制滤器的小瓷壶中。需要加其他饮料的客人，女主人则以小红壶浸泡番红花，用较大的杯盛放较少的茶递给客人，让其自行配饮。客人饮茶时，要咂吸有声，以表示女主人的茶味美好。而大家族烤着火炉，一边喝茶一边吃着糖果饼干，交谈甚欢。当时的人们往往在茶后继续喝白兰地酒、吃葡萄干糖等食品。这种茶会风靡一时，成了荷兰妇女重要的社交方式，极大地丰富了他们的日常生活。而饮茶习俗对荷兰人的社会生活也产生了许多潜移默化的积极影响。

### （2）传统英式下午茶茶会礼仪

英式下午茶的发展受到了当地文化的影响。在以严谨的礼仪要求而著称的英国，茶会文化在英国发展成为具有诸多礼仪要求的下午茶，并成为英国上流社会每天不可或缺的重要生活环节。在著名的维多利亚时代，男士约定俗成总是身着燕尾服来喝下午茶，而女士则往往一袭长袍加身出席。时至今日，我们在白金汉宫每年举行的正式下午茶会中仍然可以看到男性来宾穿着燕尾服、戴着高礼帽，并手持雨伞，女性身穿白色洋装、戴帽子的经典场景。

在英国，喝茶时通常由女主人身着正式服装亲自为客人服务。而很少由女佣协助，用以表示对来宾的尊重。英国在下午茶的请柬方面也有很多习惯。如请柬的形式有书面正式请柬，也有的卡片等非正式形式。而往往受邀人不需要回信答复，如果想要回绝只需当天打电话告知即可。

而关于英国下午茶的时间界定，早在19世纪，便有一些礼仪专家给出了建议。1884年，Marie Byard在《礼仪的有益指点》一书中建议："适当的时间……是从下午4～7点"，也有人建议"大约在5点"。即英式下午茶往往预设出一定的时间范围，由受邀的宾客决定其到达和离开的时间。客人们并不需要从开始到结束都一直出席茶会。而实际上多数客人会停留不到1小时，而非一直待到茶会最后。

而在餐品等方面，一个小型的下午茶需要将黄油卷、面包、饼干、蛋糕等食物统一放置在一张小桌子上。而女主人则通常站立或坐在桌子旁。而在她沏茶时，如果碰巧有男士在场，男士便有义务把茶杯递给在座的女士们。如果全是女性，则这个工作通常首选由家中的女儿们来完成。

而对于礼仪方面也有很多记载。《1898年，国内外的女王》中便有对客人接待方面的记述。较小的茶会上，女主人可以在自己的起居室接待朋友，而在一个周期性举办的茶会上，女主人则需要站在楼梯最上层迎接客人的到来。这正如欧洲正式舞会或婚礼招待会所要求的一样，足以看出茶会在英国乃至欧洲社交中的地位。

### （3）日本抹茶道茶会基本模式

#### ①日本茶文化的发展

日本的茶文化最初由中国传入。其从最初僧侣的饮品，逐渐传播衍化为日本贵族阶层显示身份地位的"斗茶"游戏，后来扩散流传到市民各阶层，并逐渐形成了独特而丰富的日本茶道。

13世纪，茶文化在日本的传播进入繁荣时期。"斗茶"等由上层社会的身份游戏演变为社会大众喜闻乐见的民俗活动。日本茶会固定模式的出现也说明茶道已从"一个彻头彻尾的舶来品"完成了从模仿到升华的蜕变。

②日本模式化茶会

日本茶会的主题和内容是多变的。每次茶会可依季节、时辰、聚会主题等来具体设定。而固定下来的茶会框架主要分为七种：拂晓的茶会、上午的茶会、正午的茶会、饭后的茶会、夜晚的茶会、临时的茶会、专题的茶会。日本茶会需在草庵茶室中进行，草庵茶室由竹、木、草、石等天然材料建成，其地面铺设一种编织精细的草席垫，即我们俗称的榻榻米。茶室的面积通常用榻榻米的铺设数量来计算和表述，如“四张半榻榻米”的模式固定。

而日本茶会在人数方面的要求上则是体现日本茶道在文化情趣上的特点。日本茶会原则上主人只邀请一位主宾，亦称首席客人。而其他客人均作为首席客人的陪衬。模式化茶会的客人通常为三人，即首席、次席和末席三位客人。其中次席客人往往是首席客人的部下等，而末席客人则往往是首席客人的仆人身份。模式化茶会用时通常为四小时，分为前、后半席。

### ③日本（煎茶道）茶会

日本煎茶道的艺术表现形式在于煎茶会。一次完整的煎茶会共设有前席、正席、副席、小馔席、挥毫席五个部分。而地点往往选取在风景优美的寺院、神社、别墅等地。煎茶会所需时间通常为一天。而完整形式则采取的是“雅游”方式。与会者在一天的时间中除了品茶、品茶点茶食之外，还可以欣赏到珍藏的古玩宝物，与诗书为友，与花月为伴，获得身心的愉悦。

由于一次完整的煎茶会往往规模较大，通常会由一位主人携门人弟子数十人共同举办。茶席的主人被称为“茗主”，茗主的助手则被称为“童子”。客人中往往齐聚主人的茶友、当地的行政官员、文化人士、一般群众等社会各阶层，人数规模为50～300人。日本每年全国各地通常会举办煎茶会多达1000场次，这不仅成为日本群众文化生活的重要组成部分，同样也为日本茶文化的传承与发展作出了重要贡献。

## 3. 现代茶会的现状及分类

中国的传统茶道沿袭至今，虽然发生了很多的变化，但其形式都离不开“茶会”这样一种媒介。随着经济的繁荣发展，人们的生活水平也在不断提高，以茶为主题的各种各样的茶文化交流活动也在各地广泛开展。茶会对于泡茶人和喝茶人来说，是彼此的成就交织而成的视觉、嗅觉、味觉、听觉的飨宴。虽然只有短短的几小时，但在这弥漫着粗俗气息的时代，能够专心去成就一瞬的绚烂，亦不失为一种隽永的深意。因此，如今以茶为主题的各类雅集活动已经逐渐成为人们的休闲方式之一。而以茶会为媒介的焚香、插花、书法等各类传统艺术也越来越多地出现在人们生活中，共同呈现出生活中的美学追求，提倡诗意生活的理念正在不断地增强。

茶会的种类可以按目的划分为品茗茶会、节日茶会、纪念茶会、喜庆茶会、研讨茶会、艺术茶会、联谊茶会、交流茶会、推广茶会、无主题茶会、形式茶会等。

**品茗茶会：**产茶区每当新茶采摘

时，会举行的一种带有尝新性质的品茗茶会。如“西湖龙井品茗茶会”“信阳毛尖品茗茶会”等。

**节日茶会：**以庆祝法定节假日或传统节日而举行的各种茶会，如国庆茶会、春节茶会、五一茶会、中秋茶会、妇女节茶会、重阳茶会等。

**推广茶会：**为宣传、推介某种产品、艺术品，或某种带有商业或公益性质活动而举办的茶会。如“化妆品推介茶会”“新书发行茶会”“介绍游览项目茶会”等。

**纪念茶会：**为纪念特殊事宜而举办的茶会，如公司成立周年日、从教若干周年纪念日等。

**联谊茶会：**适用于交友、联谊、聚会等目的及场合。

**研讨茶会：**学术研讨等领域，如弘扬国饮研讨茶会、茶与健康研讨茶会等。

**无主题茶会：**指在特定时间地点举办的交流茶会，而无具体目的和主题设置。如“北山大茶会”“二月茶会”“七里桥茶会”等。

**喜庆茶会：**为庆祝特定事件而举办的茶会，如结婚时的喜庆茶会、生日时的寿诞茶会、添丁后的满月茶会等。

**艺术茶会：**为相关艺术主题设立的茶会，如吟诗茶会、书法茶会、插花茶会等。

**交流茶会：**为切磋茶艺和推动茶文化发展等的经验交流性茶会，如中日韩茶文化交流茶会、国际茶文化交流茶会、国际西湖茶会等。

**形式茶会：**通过一定的固定形式而展现茶会目的、内容等的茶会。如佛教中的茶礼、台湾的“无我茶会”等。

本文中选取几个具有代表性的茶会进行分析：

**（1）无我茶会**

**①无我茶会的缘起**

由台湾“陆羽茶艺中心”原总经理蔡荣章先生创始，于1990年6月2日由该中心的班长王林春率先主办，而后经多次实践改进，于1990年12月18日在中国台湾正式举办了“首届国际无我茶会”。此后国际无我茶会还分别在日本、新加坡、中国（武夷山、杭州）、韩国、美国等地相继举办。至今保持每两年一届的频率延续下来。

**②无我茶会的基本形式**

无我茶会是一种形式茶会。茶会上人人泡茶、人人敬茶、人人品茶、一味同心。人们在茶会中以茶对传言，广为联谊，忘却自我，打成一片。参与茶会者需自备茶具，席地围成一圈泡茶，一般约定每人泡茶四杯，泡好茶就把三杯奉给左邻的三位茶侣，一杯留给自己，这样每人就都有四杯茶可喝。而喝完约定的泡数，如泡三道茶，收拾好自己的茶具，结束茶会。无我茶会上，茶具的种类与泡茶的方式不受任何流派的限制。喝完最后一道茶，可以安排五分钟以内的音乐欣赏，烘托茶味并回味茶会情境，也可以在茶会结束后进行其他活动。

而有趣的是，无我茶会进行的程序、方法会在茶会开始前先发给大家，是为“公告事项”。茶会进行期间并没有指挥与司仪，一切按预定程序进行，人们到会场才抽签决定座次，并按流程安静地泡茶，井然有序。

**③无我茶会所推崇的七大精神**

第一，无尊卑之分。

第二，无流派与地域之分。

第三，无报偿之心。

第四，无好恶之心。

第五，求精进之心。

第六，遵守公共约定。

第七，培养默契、体现团体律动之美。

无我茶会是针对爱茶之人的茶会活动，它为茶界人士提供了广泛联谊的平台和场所。人们自觉调整、配合他人的精神是营造茶会会场宁静、安详氛围的重要因素。无我茶会在操作的过程中，对每个茶会参与者的操作流程和细节都会有比较严格的要求，茶具的选择和冲泡相对比较简单且方便，并且有相对应的事先公告来展现自觉遵守的美德。因而看似强调流程、形式的无我茶会，所重视的其实并不在于形式，而是人们是否真的理解其内在精神。

**④无我茶会的好处**

不论于形于神，无我茶会对初学茶艺者和外国友人而言都是学习、体验茶文化的极佳平台：

无我茶会的泡茶方法简单易学，没有压力和约束负担。

地点选择更加广泛。如室内、室外、白天、晚上、山上、草原、公园、海边，甚至在繁华嘈杂的地方都可以。

融洽和谐、亲切又方便地走进人群，易于各种交友（例如茶具观摩等）。

各种形式茶会都可随兴趣而起（如圆形、方形、同心圆、不规则形状等）。

茶叶、茶具不局限，可以喝到茶友不同种类的茶。

非教条化形式，只是要注意奉茶、受茶、与茶友相处的礼节。

容易学会，易教学，只要时机成熟，自己也有能力主办茶会。

参加过程中能很快感受到茶会的精神内涵。

**（2）曲水茶宴**

**①曲水茶宴的缘起**

曲水茶宴乃沿承古代“曲水流觞”的格局加以修改而成，其中受到唐人吕温遗留下来的《三月三日茶宴序》一文之启发而将名称定为“曲水茶宴”。而最令现代人理解“曲水流觞”的莫过于晋代书法大师王羲之所写的《兰亭序》，不但文章内容描述了当时人们参加曲水流觞的情形，其墨迹亦成了后世学习书法的范本。

**②曲水茶宴的基本形式**

在一风景宜人的庭院、林园，或是山野，利用现有的水道，或引进一条坡度不大的曲水。曲水长度60～100米，跨度1～5米。水流速度不急，水面与岸边的高度悬殊不大的地方。水道上下游有相对宽阔的平坦空间便于备茶。与会人员可以自由选择落座两岸任意地方，也可由主办单位事先备好标示，抽签决定座位。将与会人员分成5～6人一组，或8～9人一组，每组依次序到上游泡茶，将冲泡好的茶汤放于羽觞之上，放在水面由与会人员自行取茶品饮，与会人员可自带杯子，主办方也可集中准备。整个茶会务必达到每位与会人员都可喝到12杯左右的茶汤。主办单位也可安排余兴节目，可另行邀请表演者，也可邀请与会人员表演（如挥毫、朗诵、吟诗、小型合唱或乐器演奏）。

**③曲水茶宴的精神**

从羽觞上取茶盅倒茶，每次以一杯为度，还想再喝就等下一批船只到来。每一组的奉茶，应考虑让全体与会者都能喝到。如何节制地享用饮料、食品，处处为别人着想，是曲水流觞想提醒大家的。如果供应的是酒，是美酒，前头的人拦住羽觞喝个够，下游的人就只有忘船兴叹了。再说，在曲水流觞的场合喝得太多，也不容易再度从流觞的船上取到酒盅，一不小心还会掉落水中。

**④小结**

曲水流觞和曲水茶宴都带有浓厚的社交意义，所以在大家抽签坐定后可安排半小时或更长的“联谊时间”，让大家走动交谈。在风景秀丽的环境下，这种传统的曲水茶宴的形式，利用现代化的做法，在当代继续被讨论与运用。

**（3）云林（禅）茶会**

**①云林（禅）茶会的缘起**

云林茶会是在杭州灵隐寺举办，由法师、僧人、茶艺师、茶艺爱好者等参与的茶会。以讲究主客之茶与禅的心灵互通，感悟平凡人生真谛，弘扬茶文化和谐圆满为主要内容。在2009年4月由台北清香斋主人解致璋女士策划和组织了第一场云林茶会，第二场在2010年10月举办，主题为“云林茶会之——2010中日韩茶文化交流大会”。

**②云林（禅）茶会的基本形式**

茶席的数量根据每次参加人数而确定。每个茶席由一位茶主人负责设计，并准备茶、道具及茶食，通常茶和水由主办方负责准备，也有茶主人自带茶叶的情况。每桌茶席可邀请五位客人，以此计算。嘉宾们凭邀请函在茶会正式开始前半小时依序入场，按照邀请函内标明的座位号码入座。正式开始前的半小时可用来欣赏所有茶席的设计，和老友攀谈，和新朋友认识。

根据茶会主题的不同，茶会流程会做不同调整。例如，茶会进行到一半的时候，被邀请的嘉宾可任意挑选另外的茶席入座，在下半场品尝另外的茶艺师冲泡的茶叶。茶会进行中，主办方会安排形式多样的音乐欣赏，通常选择的音乐都是和当天冲泡的茶叶相契合的。茶主人与客人在茶会过程中互相不语，主办方会安排十分钟左右的换茶时间，此时茶友们可做沟通，也可走动。

**③云林（禅）茶会的意义**

云林茶会是与佛教密切相关的茶会活动，是将茶与禅密切联系起来的茶会。茶会的举办者和部分参与者都是寺院僧人，而茶会的举办地点是在寺庙。云林茶会实际也就是唐代兴起的文人雅集茶会的延续和发展。其拥有的雄厚资源也能为茶会的举办提供强有力的保障，如表演演奏人士、精致的茶席设计、经验丰富的爱茶之人等。

而另一方面，在这些雄厚资源的基础上，也就体现了茶会的高端性，更使参与者将能参加茶会当成一种荣幸，在茶会举办的过程中宾客能更主动地融入主题。

**④小结**

云林茶会的成功举办，也给茶会的商业模式设计提供了几点可参考的元素：邀请函的精心设计和云林茶会守则的制订，这更有利于茶会的氛围营造。精致的茶席设计，以及在茶会过程中设置的茶席参观环节，都能带给宾客一种美感，因此在茶会中每桌都有精美的茶席设计，能够使参与者深切体会到生活之美、茶艺之美。宾客可以自由并有序地转换茶位，品饮两款茶和与不同的茶主人沟通。茶会结束后，宾客将对茶主人、茶品的感受书写到茶单上，并交回茶主人。通过最直接最真实的意见回收，更有利于茶会的发展和完善。

（4）敬老茶会

①敬老茶会的缘起

为了继承、弘扬中华民族敬老、爱老的优良传统，浙江省茶叶学会于1999年11月21日，在中国茶叶博物馆举办了浙江省第一届敬老茶会“99敬老茶会”，应邀出席的老茶人有60余人。会上，杭州市少儿茶艺队10名小茶人分别向爷爷、奶奶们敬茶。

②敬老茶会的基本形式

自1999年创办到2003年期间，敬老茶会为隔年举办。举办的场地不固定，在中国茶叶博物馆、湖畔居茶楼都有举办。而自2004年开始，敬老茶会改为每年举办一次，举办方式由学会单独举办改为由学会与地方政府联合举办，并将敬老茶会与名茶推广介绍宣传紧密结合起来。

③敬老茶会的意义

敬老茶会的意义首先在于继承弘扬中华民族敬老、爱老的传统。敬老茶会的与会人员中，年迈的老茶人通常会带着自己的儿女和孙辈一同来参加，茶会中老中青三代茶人齐聚一堂，其乐融融。敬老茶会也成了一些平日住地遥远、行动不便的老茶人朋友们每年相约见面叙旧的节日。而同样也是老茶人们检验年轻一辈茶业工作者工作成果的平台。对于社会各界来说也同样是了解名优茶品和文化传承的重要平台与纽带。

敬老茶会的茶席设计与流程环节更多地延续了古代文人雅士的集会形式。将茶作为贯穿活动始末的元素。联合多种文化活动。形成类似于古代茶会的集会形式。在经济快速发展的今天，人们对精神文化的需求日益增强。这种结合优秀价值观与传统美德的现代茶会形式，开始被越来越多的民众、媒体及相关企业所重视和认同。

## 二、茶会的元素

现代茶会能够丰富人们的精神世界，促进社会的精神文明建设与发展。而在茶道精神的传播过程中，对国民整体素质的提高也具有强大促进作用。以茶为载体的茶会活动，融入了众多的文化元素，通过现代茶会可以让大众接触到了更多的中国传统文化。而参与茶会雅集这种行为本身正是对传统文化的继承和发展。在茶会中，可以设计出更多的适合现代人群的文化表达。在茶会的筹备运作中，会产生与

茶会相关的产品需求，其中包括：茶叶、茶具、书画、花器、插花、音乐、服饰、家具陈设、软包装附件等等。当群体对茶会的要求提升到艺术审美的需求时，注入茶文化元素的艺术品需求就显现了出来。受众群体对于产品的功能性要求不断提高的同时，艺术审美要求的提升也更加明显与多元。

纵观形式、种类繁多的现代茶会，其中必定不是有茶即可的。作为以茶为载体现代茶会，以茶为主的多种元素的契合、融合才可促成一个完整的现代茶会。

### 1. 经验丰富的茶主人或主持人

#### （1）提供信息、宣扬精神

茶主人在品茶会中担当重要的责任，茶主人应当充分理解茶为主题，具备专业知识，有规范的文化礼仪修养。独具个人魅力的茶主人能够使得茶会中品的茶交流更加顺畅，茶主人的着装打扮应尽量和主题相符，发型方面要求简洁干净，茶主人在与客人交流时，应当做到包容大方，在泡茶技巧方面，茶主人不需要太多花哨的动作，用心泡好茶是对茶主人最重要的品质要求。

#### （2）主持人的要求

在任何一场会议中，主持人均要扮演多种角色，以及多次的角色转换。由此可知，要成为优秀的会议主持人并不是一件容易的事。一位出色的主持人所应具备以下两个重要素质：

首先必备的是敏锐的思维。

主持人所面对的是一群人，每个人提出的问题是各不相同的，这就要求主持人有敏锐的思维，迅速捕捉信息点，快速应对。茶会上突发状况在所难免，这就需要主持人能灵活应对。

同样重要的是要善于言词表达。

主持人对语言应具有高度的掌握能力，以便将茶会议的思想观念准确、无误地表达出来。必须能够以语言推动讨论、疏导与会者的思维方向，并在会议的各个阶段总结所取得的成果。

### 2. 设计特定的品茶环节，是彰显茶会特色的亮点

中国是茶的故乡，茶文化是中华五千年历史的瑰宝，如今茶文化更是风靡全世界。茶会上，讲究品好茶，更讲究享受品茶的过程，也就是茶会的程序。要想办好一次茶会活动，就应该对流程进行精心设计，具体来说，在现代茶会的准备上，应特别注意以下几个方面。

#### （1）话题设置很重要

茶会不同于座谈会，要根据参与者的情况及氛围设置不同的话题。话题要求是大家共同能感兴趣的、要轻松活泼的、要人人都能有话可说的、能引起大家情感上的共鸣并且能够带动现场气氛的话题。

#### （2）现场发言在茶会上举足轻重

茶会假如没有人踊跃发言，或者是与会者的发言严重脱题，都会导致茶会的最终失败。因此会前组织者对此要有充分准备，落实几个重点发言对象。

#### （3）茶会上，主持人的作用很重要

圆桌茶会的主持人应事先熟悉与会的每位来宾。在每位与会者发言前，主持人可以对发言者略作介绍，发言的前后，主持人要带头鼓掌致意。同时必须在现场上审时度势，因势利导地引导与会者发言，还要控制会议的全局。大家争相发言时，主持人决定先后。没有人发言时，主持人要引出新的话题，或者恳请某位人士发言。会场发生争执时，主持人要出面劝阻。

**（4）茶会与会者的发言以及表现必须得体**

在要求发言时，可以举手示意，但也要注意谦让，不要争抢。不管自己有什么高见，都不要打断别人的发言。肯定成绩时，要力戒阿谀奉承。提出批评时，不能讽刺挖苦。切忌当场表示不满，甚至私下里进行人身攻击。

**（5）对于用来待客的茶叶、茶具，务必要精心准备**

最好选用陶瓷茶具，并且讲究茶杯、茶碗、茶壶成套。不要求精品但要干净，传统带盖的白瓷杯也可，不要用一次性杯子。茶的种类要注意照顾与会者的不同口味。

**（6）茶点餐品准备**

在茶会上向与会者所供应的点心、水果或地方风味小吃，品种要适合、数量要充足，并要方便拿，同时还要配上擦手巾。茶话会的形式，因内容、人员的不同又有所区别。如与会人员仅几人，用一张圆桌；几十人乃至几百人，每桌10人左右，或用方桌拼成长方形或其他形式；几百人、上千人的大型茶话会，多用圆桌，团团围坐。关于茶会的饮品，香茶是必备之物，有条件的还可以增加鲜果、糕点及各色糖果。茶话会的布置，可以根据会的内容和季节的不同，在席间或室内布置一些鲜花，如在夏季以叶子嫩绿、花朵洁白的茉莉为宜，使人有清幽雅洁之感，如在冬季，则以破绽吐香的蜡梅和生意盎然的水仙为宜，使人感受到春天的气息。如果是婚礼茶话会，则以红艳的鲜花为好，以示新婚夫妇的幸福和美满。当然，由于条件所限，对花种的选择会有局限性，但不论选用什么花种，对颜色的选择应与茶会的内容相协调。在较大的茶话会上，如配以轻音乐或小型的文艺节目如小品、相声等曲艺节目，可以邀添欢乐气氛。

**（7）主题明确、实用、设计精致、优美的茶席胜过千言万语**

我国古代并无茶席一词，茶席这一名词是近年来才频频出现在各种媒体上，但在古代表现品茗内容的各种美术作品中，却有着对茶席的很多描述。“茶席”一词，在日本较为常见，但日本的“茶席”指的是“本席”“茶室”，即房屋，在日本举办茶会的房间称茶室、茶席或者只称席。

茶是茶席设计最基本的构成因素。有茶才有茶席，从而有了茶席设计，茶是茶席设计的灵魂和思想基础，茶席设计的理念往往因茶而产生，并构成了茶席设计的主要线索。茶席设计是在某个特定的环境中创造发自内心深处或概念性的经验，受当下多种或单一与复合的概念所左右，也受其自身发展经验的积累所促动。在内容关注、题材选择、文化指向、艺术品位、价值定位、情感流向、操作方法等方面，

都呈现出多元复杂的状态，但从其总体来看，茶席设计的固有特征并没有朝令夕改。

一场好的茶会，茶席设计首先要有整体文化背景和风格的考量。茶席设计首先要确定主题，大到国家、民族，一年四季；小到一屋、一桌、一壶、一盏，都是要围绕着主题来诠释。你不能设计成挂着中国的大红灯笼，穿着和服泡普洱茶；也不能设计一把孟臣壶配若琛瓯，或风炉泡斯里兰卡红茶，这太不搭调。

将茶席置于幽雅的自然环境里，融合其他艺术品布置在一定的空间上，将插花、点香、挂画与茶完整地呈现出来，是品茶环境布置的基本要求。茶席所存在的环境和社会处于不停的运动中，在茶席中静止的物品并不是绝对静止，它本身的意义也在不断地变化。因此，茶席设计必须充分反应变化中的世界及茶艺的美，除了品茶时得到感官的快感外；最主要还是感官之外的美感，这才是茶艺真正美的所在——能得到视觉、味觉、嗅觉，物质与精神，心灵和感官调和的全面满足的整体美。

因此，茶席设计首重简单、雅致，强调精行俭德的精神，布置一个幽雅、闲适的品茶环境，摆设具有可操作性的功能、可呼吸的空间，让人在那里放松自己，抚慰疲惫的身心，怡情养性，感觉到空气的流动，体会到淡淡的美感。设计茶席，布置茶席也是展现诚挚的待客之道。

下面以“竹茶会”茶艺为例略作讲解。

“竹茶会”茶艺主题确定之后，首先要设计相应的竹席和表演方式。在竹席设计中，以何种适宜的茶器搭配就成为接下来要思考的问题。毫无疑问，茶桌必然是竹制为佳。因此我们特意定制了三套竹制茶桌，（共设三席，暗寓道家“道生一，一生二，二生三，三生万物”之意）不事雕饰，与“生态”的主旨契合。

茶席不用铺垫，竹面最为朴素。主茶器选用宜兴紫砂壶的经典款式——紫泥竹节提梁。紫砂壶在茶器中文气深厚，较之如女子肌肤般的瓷器，紫砂深沉的哑光更接近男性。竹节自然为了点题，提梁在视觉上挺拔高挑，不仅舞台效果好，且有“竹林七贤”的林下之风。

茶盏三，景德镇手绘的竹枝青花斗笠盏，所绘竹枝在茶盏的内壁，注入茶汤后犹如茶枝在茶中摇曳生姿，两盏设与紫砂壶左，竹枝向外，待客之意。另有一盏设于壶右，竹枝向内，象征君子的清洁孤高，慎独二善与自省。此外，壶承，赏茶荷、茶藏、茶道组、茶船、勺、均为竹制。工艺上体现了竹编、竹雕、竹刻、留青、贴簧。

### 3. 能够代表茶会主题，含义准确的茶会纪念品

主题纪念品既可作为留念赠送，也可作为商品出售。

在茶会之上，茶会主人常常将一些与茶会雅集相关的礼品赠送给参会的人员，这类产品有茶叶、茶具等来突显出茶会的主题。就旅游茶会来说。在茶主人设计茶文化旅游纪念品包装中，必须坚持相关原则，比如地域性原则，时代性原则，由于茶叶的生产地各不相同，各类茶叶具有不同的特征，茶文化具有鲜明的地域性特点。在设计茶文化旅游纪念品包装中，茶主人必须坚持具体问题具体分析的原则与地域性原则，结合各方面具体情况，准确把握各类茶叶特点性质，优化设计。以红茶为例，在设计过程中，可以将其包装设计成红色，在呈现茶叶品质的同时，还能让消费者有一种喜感，就我国而言，自古就是礼仪之邦，在茶文化旅游纪念品包装设计中，必须坚持时代性原则，要充分体现礼仪特点，可以将“福”字设计到包装上，这是对美好期盼和祝愿的一种象征，如果旅游纪念品为茶叶，茶会主人可以在其包装上印上“禄”字，这是“财富、功名”的一种象征，更是现代人身份的一种体现，具有鲜明的时代特点。

站在客观角度来说，想要借助旅游纪念品有效传播与体现茶文化，离不开合理文化的表现形式，这是有效满足旅游者内在客观需求的重要保障。茶会主人要优化茶文化旅游纪念品包装表达形式，准确赠送或旅游者购买纪念品的同时，全方位正确认识茶文化，进而，了解相关的历史知识、文化内涵，获得不一样的体验。

在设计茶文化旅游纪念品包装中，要将茶文化象征元素、图腾元素等巧妙融入包装设计中，充分展现旅游景点特色，结合这类旅游纪念品特点、性质、巧妙利用现代化设计语言，将地方文化、旅游文化有效传递给旅游者，确保文化内涵与外在的有机融合。

## 三、茶会的准备

茶会实务准备是茶会举办的必要条件。尤其是大型茶会实务准备，是一项非常具体而系统的工作。因此，茶会的实务准备越周全，越细致，就越能体现茶会的质量。

### 1. 通知的形式及方法

通知形式及方法的正确与否，直接关系到茶会参加对象的人数和茶会正式举行的时间安排。因此，通知的形式与方法，要根据对象的基本条件来确定。如对象居住分散，距离较远，可进行信函通知；如对象居住集中、距离较近，则可进行口头通知。

通知形式一般有如下几种：

#### （1）媒体通知

媒体通知一般针对不确定的对象而采用。即符合茶会参加条件的人员，都欢迎参加。此类通知形式，主要针对大型的茶会而言。

#### （2）信函通知

信函通知有明确的指定对象，需掌握指定对象的联络地址和邮政编码。信函通知可采用信函形式寄出，也可采用设计别致的请柬形式寄出。为了确定对象是否参加，信函上还可列出回执，以收到的回执确定参加茶会的人数。

#### （3）通讯传达

通信传达主要指采用电话通知和计算机网络通知。电话通知容易迅速确定参加茶会的具体人数。

**（4）口头通知**

口头通知一般为小型茶会所采用。往往只要口头通知一两个人，再由他们口头通知其他人。

**（5）会议通知**

会议通知适用于居住、工作相对集中的对象。往往可在相同对象参加的其他会议上进行通知。通知时间，一般可选择在茶会正式举行前的两三天。太晚，对象可能因其他活动安排不容易调整；太早，对象容易忘记。重要的茶会，一般在通知下达之后，临会前还要再进行一次电话确定。

### 2. 人员接待准备

人员接待准备，主要表现在参加人员来自其他国家和地区的大型茶会。人员接待准备必须做到充分和细致。稍有疏忽，都会给参加茶会的人员留下不好的印象。人员接待准备，主要表现在四个方面：

**（1）行动接待**

行动接待是首要接待。也是给接待对象留下的第一印象。接待人员要详细掌握每一个接待对象准确到达的时间及机场、车站、码头的地点，以便提前到达。对不熟悉者还要准备写有接待对象姓名的识别标志，以便对象及时、准确识别。

接待车辆要预先准备好。没有备用车辆，应选择那些呼叫方便，车况良好，驾驶熟练的出租车接送。除准时用车接送对象外，还应对每一个对象会外行动需用车辆的情况有所了解，以便及时安排。

**（2）住宿接待**

住宿接待关系到对象的休息质量。可按对象的住宿要求来预定，也可按符合安全、卫生、舒适、交通方便、饮食方便的标准预定。

**（3）饮食接待**

饮食接待除宴会安排之外，一般选择在住宿地用餐。事先可了解对象的饮食习惯，安排对象的饮食。

**（4）涉外人员接待**

对于涉外人员的接待安排，除提前办理好涉外手续外，还要有外币兑换和译员的准备，以方便涉外对象的生活和会务行动。

### 3. 茶会场地准备

茶会场地是茶会形式与内容的体现场所。其他各项准备工作的好坏往往都集中体现在场地中。因此，场地的准备，在茶会实务中占有十分重要的地位。

#### （1）场地落实

场地落实包括主会场，领导和贵宾的休息室，演员化妆、候演室，以及停车场地。

#### （2）场地布置

场地布置一般需要对主席台、表演台、一般座席进行设计与摆置。另外，会幅的悬挂，花卉的摆放，宣传品、庆贺物的挂贴，签到桌、指示牌、告示牌的安放等，都应有相应布置。

#### （3）场地设施准备

场地设施准备包括桌、椅、扩音设备、音响设备、多媒体设备、灯光、空调等。如安排茶道表演和其他演艺节目的，还要有表演所需的桌椅、背景、道具、开水的基本准备。

#### （4）场地物品准备

场地物品准备包括茶、茶点、热水瓶、热水器、纯净水、茶杯、茶点盛器、抹布、拖把等。

### 4. 茶会材料准备

茶会材料，包括图、文形式的茶会宣传材料和使用材料：

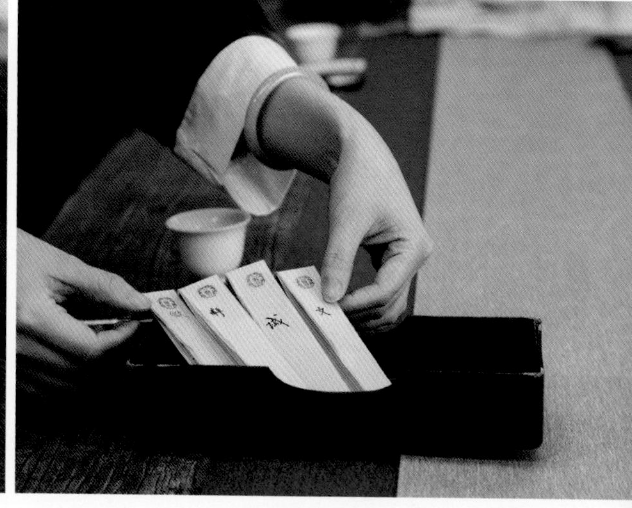

### （1）茶会宣传材料

茶会宣传材料有茶会宣传单、纪念册等。茶会宣传单和纪念物品的设计应有创意。做到设计稿提前报审，提前印制。

### （2）茶会使用材料

茶会使用材料主要指茶会的讲话稿、茶会议程表等。其中茶会的讲话稿应提前约写、收集、整理与印制。

## 5. 茶会实务人员培训

一个大型茶会，就是一个系统工程。对所有茶会实务人员进行会前培训，有利于保证茶会的顺利进行。

### （1）明确分工

明确分工，不仅让每个茶会实务人员明确所在实务位置和所承担的职责，也使大家互相之间了解彼此的位置和职责，以便突发事件和自己不能处理的问题发生时，知道在什么位置找什么人可以得到解决。

### （2）联络方式

联络方式主要表现为茶会实务指挥、联络系统的迅速与畅通。各方面具体负责人必须随身携带手机或对讲机，相互熟悉手机号码，一切听从指挥者的调遣。

### （3）服饰准备

大型茶会的全体实务人员，应提倡穿着统一服饰，以便主客迅速识别。

### （4）模拟操练

模拟操练十分必要。通过模拟操练，往往能发现许多问题，可以及时弥补和纠正。

## 6. 茶会准备检查

茶会所有准备完成后，在临会前，还应对所有准备工作进行一次全面的检查。检查得越细致越好。茶会准备检查的原则是：

① 检查必须提前。

② 检查必须细致。

③ 纠正必须迅速。

扩宽茶文化专业人才实践的平台，综合性极强的现代茶会，在策划、组织、筹备和运行期间，是离不开茶文化专业人士参与的。

# 四、茶会的组织

茶会策划是指在进行茶会具体准备之前，对茶会目的、茶会名称、举办的规模、参加对象、举办时间、地点、茶会的性质、形式、经费预算及运作方式等所进行的一种具体设计。茶会策划是茶会实务的首要内容。

### 1. 策划方式

#### （1）自上而下的方式

此类策划，一般先由上级领导将茶会的目的等大致要求以口头或文字的形式传达给具体策划人，然后，由具体策划人根据上级领导的原则要求，设计出具体的策划方案，最后再送领导审定。

#### （2）自下而上的方式

此类策划，通常是由具体的策划人根据需要，首先策划出茶会的内容，然后将茶会的具体策划方案递交给领导。最后再由领导修改、审定。

#### （3）集体设计方式

此类策划，一般是由领导和参加会议的人员，共同对茶会的举办进行具体策划。

### 2. 策划方案

策划方案指茶会所要举办的全部形式与内容，并对其每一项提出具体的实施方法和计划。

#### （1）茶会方案的基本内容

主要有目的、名称、规模、对象、时间、地点、物品清单、经费预算等。

#### （2）茶会的举办形式

主要有座谈、游园、分组、展示、表演，或其中几项结合等。

#### （3）茶会的实施方法

是指由哪些人，按照什么要求，在什么时间，以何种方式去实施安排。

#### （4）茶会的实施计划

是指对各项准备工作，在时间上列出先后进行的顺序安排。

### 3. 方案材料准备

方案材料准备是指根据具体的策划方案，以文字的形式进行的分别表述。方案

材料一般有两类，一类是在一份文字材料中，将各项方案的内容加以总体表述；另一类是在多份文字材料中，对方案的每一项具体内容进行单独的表述。前者一般适用于小型的茶会，后者则适用于大型的茶会。

大型茶会的文字方案材料一般由以下几种具体文件组成：

**（1）申请报告**

申请报告是获得上级或有关部门最终批准的重要文件。它的具体表述内容为：报告的题目（如“关于举办2018年茶艺交流茶会的报告”），报告的对象（即向谁报告），茶会的意义、作用与目的，茶会举办的时间与地点，茶会的主要举办形式，茶会的参加人员，申请报告的目的，申请报告人或申请报告机构署名，申请报告递交时间。

**（2）参会人员名单**

参会人员名单包括两部分：一是出席茶会的正式人员名单；二是茶会的全体工作人员名单。这样有助于各类文件、物品的准备，以及具体经费的核算。

**（3）组委会机构与成员名单**

组委会是一种专门性的临时机构，一般专用于某个大型会议的操办。有实际工作的人员和无实际工作的名誉人员，都要列入其中。每个机构均有明确的分工。茶会的组委会下设各个具体的工作部门，并将具体的工作人员列入其中。

#### （4）茶会实施方案书

茶会实施方案书的内容主要包括：具体的各项准备工作内容及时间、地点、数量、要求和具体的执行人员。茶会的实施方案书，通常是以表格的方式表述，这样可以让人一目了然。

#### （5）参会人员通知

在所有会议文件中，会议通知虽是最简单的一种，但它又是在会议之前最先和与会者联系，并决定被通知者是否参会的重要途径和方式。因此，在通知的有关会议性质、会议内容、举办时间与地点等的文字上，不能有丝毫错误。最后，还要写上通知者的电话号码，以便及时进行交流与联系。

#### （6）茶会议程安排

茶会议程是茶会内容的安排顺序。它包括从会议主持人到所有在会议中有所表现的人员名单都要具体注明，并写出他们各自的表现内容。茶会议程安排的特点，通常是贺词、主题发言等排在前面，茶艺表演等演出排在中间，最后是自由发言或讨论。因贺词、主题发言和演出等是必须进行的内容，它相对受到一定时间的限制；而自由发言是非必须进行的内容，它相对不受时间的限制，要做好预估，这样便于对茶会的安排进行总体的灵活把握。

#### （7）物品采购清单

物品采购清单体现茶会的全部物质准备内容，它要求在物品的种类、单价、数

量、质量等内容上具有相对的准确性。考虑到一定的损耗因素，在数量上可略为增加。

#### （8）茶会宣传、使用的图文材料内容样式

茶会的吸引力，在一定程度上依赖于反映茶会内容的宣传、使用的图文材料。其图片和图文设计的创意效果，以及各种图文材料的方便、可读，是图文材料成功设计的关键。好的茶会宣传材料，不仅体现茶会的档次、品位与影响，它本身也是一种艺术品，会得到与会者的欢迎并被收藏。

#### （9）茶会经费预算

茶会经费预算是茶会总收支的基本估算。它的原则要求，一是支出范围要基本囊括，支出项目要基本全面；二是估算数字要略大于支出的数字；三是如果有收入，那么收入数字要小于估算的数字。

### 4. 策划认定

即由主管部门或主管领导对策划方案内容的审定和批准。

策划认定，首先要进行方案材料申报。申报材料涉及哪个部门，就要向哪个部门申报。如行政部门、财务部门、外事部门、宣传部门等。在报批过程中，如审批部门对方案内容提出意见时，要及时进行修改。待所涉部门完全审批后，方可按审批后的各项方案内容实施茶会的具体准备。

**鸣谢：**

北京市外事学校

北京御茶国饮茶业有限公司

武夷山悦武夷酒店有限责任公司

北京茗女子学堂

武夷山茶隐山房